Digital Circuit

만화로 쉽게 배우는 디지털 회로

저자 / 아마노 히데하루

BM (주)도서출판 성안당

日本 옴사 · 성안당 공동 출간

만화로 쉽게 배우는 디지털 회로

Original Japanese edition
Manga de Wakaru Digital Kairo
By Hideharu Amano, Koji Meguro and Office sawa
Copyright ⓒ 2013 by Hideharu Amano, Koji Meguro and Office sawa
Published by Ohmsha, Ltd.
This Korean Language edition co-published by Ohmsha, Ltd. and
Sung An Dang, Inc.
Copyright ⓒ 2015~2020
All right reserved.

머리말

우리 주변에는 컴퓨터, 스마트폰, 태블릿과 같은 디지털 기기들이 넘쳐나고 있다. 아날로그의 마지막 아성이었던 텔레비전까지도 디지털로 바뀌었다.

디지털 회로는 어떻게 해서 이렇게까지 발전하게 되었을까? 어떤 원리로 작동하고 어떻게 설계되어 있는 것일까? 이 책에서는 불 대수(Boolean algebra)나 어려운 식과 이론을 전혀 사용하지 않고, 만화라는 표현형식으로 디지털 회로 설계의 기초를 알기 쉽게 설명했다.

디지털 회로는 0과 1만이 존재하는 단순한 세계이다. '게이트'라고 하는 기본소자 또한 극히 단순한 일밖에 처리하지 못한다. 제1장에서는 우리 주변에서 흔히 사용되고 있는 디지털 회로를 소개하고, 제2장에서는 이런 단순한 디지털 회로가 어떻게 급속도로 발전해 아날로그 회로를 압도하게 되었는지를 설명한다. 제3장에서는 현재 입력값에 따라 출력이 결정되는 '조합 회로'를 간단하게 설계하는 방법을 소개하고, 제4장에서는 '간략화'하는 방법을 설명한다. 대학에서는 보통, 디지털 회로의 중요한 단계에서 불 대수를 사용하여 식을 변형하는 방법을 가르친다. 그런데 여기에서는 좀더 직감적인 방법을 소개하고 있어 수학에 자신 없는 사람도 즐겁게 디지털 회로를 설계할 수 있을 것이다. 제5장에서는 기억소자와 순서회로 설계방법을 소개하며, 마지막으로 하드웨어 기술언어와 고위합성 등 최신 설계방법을 소개한다.

진리표, 회로도, 카르노 맵, 상태 전이표 등 표로 가득차 있는 디지털 회로의 세계는 문장이 중심인 책보다는 '만화' 라는 표현 형태가 좀 더 쉽고 친근하게 독자들에게 다가갈 수 있을 것이다. 이 책은 만화의 특징을 이용해 직감적으로 쉽게 이해할 수 있도록 하였으며, 내용면에 있어서는 수많은 설계 사례를 사용하여, 소자 내부의 구성에 대한 심층적인 해설과 칼럼까지 포함하여 상당한 고도의 최첨단 지식과 설계기술을 담고 있다고 할 수 있다. 디지털 회로를 처음 접하는 사람뿐 아니라 디지털 회로설계와 관련된 업무에 종사하는 사람들의 폭넓은 이해를 돕기 위해서도 최선을 다했다.

디지털 회로를 다룬 책에서 볼 수 없는 획기적인 그림 표현으로 본질에 다가갈 수 있도록 도와준 만화 담당 메구로 코오지씨와 제작담당 사와다 시와코씨에게 감사드리며, 집필의 기회를 주신 옴사 여러분들에게도 감사드린다.

아마노 히데하루(天野 英晴)

차례

제1장 디지털 회로란?
- **column** 디지털 IC ··· 21
- **column** FPGA ··· 22
- ◆ 용어해설 ·· 24

제2장 디지털과 아날로그
- **1. 디지털과 아날로그** ··· 26
  - 아날로그 회로에서 디지털 회로까지 ·················· 26
  - 아날로그와 디지털의 이미지 ····························· 28

- **2. 디지털 회로가 아날로그 회로를 압도한 이유** ··· 33
  - 논리회로란? ··· 33
  - 게이트의 구조는 간단하다 ································ 35
  - 디지털 회로는 수로 승부한다! ·························· 37
  - 디지털 회로는 왜 유리한가? ····························· 39
  - 디지털 회로의 설계는 간단하다 ························ 44
- **column** 불 대수란? ··· 49
- ◆ 용어해설 ·· 52

iv

제3장 조합회로를 만들자

1. 진리표, MIL 기호법 · · · · · · · 54
- 다수결의 디지털 회로 · · · · · · · 54
- L과 H로 진리표를 만들자 · · · · · · · 58
- MIL 기호법이란? · · · · · · · 64
- 액티브 L과 액티브 H · · · · · · · 68
- 드모르간의 법칙 · · · · · · · 72
- MIL 기호법에 의한 기본 게이트의 정리 · · · · · · · 75

2. 다수결 회로를 만들자 · · · · · · · 78
- 진리표에 대응하는 회로를 만든다(가법표준형 설계법의 순서) · · · · · · · 79
- (column) CMOS란? · · · · · · · 85
- (column) MOS-FET의 동작원리 · · · · · · · 88
- ◆ 용어해설 · · · · · · · 91

제4장 회로의 간략화

1. 카르노 맵을 사용하자 · · · · · · · 94
- 군더더기가 많은 회로 · · · · · · · 94
- 카르노 맵을 보는 방법 · · · · · · · 98
- 1의 그룹을 정리하자 · · · · · · · 102
- 그룹을 만들 때 주의할 점 · · · · · · · 106
- 중식을 추가하면? 인원이 늘어나면? · · · · · · · 108

2. 돈트 케어(don't care) · · · · · · · 111
- 큰 달을 판별하기 위해서는 · · · · · · · 111
- 10진수와 2진수 · · · · · · · 114
- 큰 달을 판별하는 회로설계 · · · · · · · 118
- 돈트 케어 · · · · · · · 120

3. 출력이 복수인 경우는? · · · · · · · 124
- 출력을 공통화한다 · · · · · · · 125
- 전자주사위의 표시기의 회로설계 · · · · · · · 129
- (column) 덧셈 회로와 뺄셈 회로 · · · · · · · 137
- ◆ 용어해설 · · · · · · · 143

제5장 순서회로를 만들자

- 1. 순서회로란? ··146
  - 순서회로란, 기억을 갖는 회로 ··148

- 2. D 플립플롭 ··153
  - 플립플롭은 시소 ···153
  - D 플립플롭과 클록 ···155
  - 레지스터란? ··167

- 3. 전자주사위의 설계 ··171
  - 전자주사위는 순서회로 ··171
  - (1) 먼저 상태 전이도를 그린다 ···174
  - (2) 상태에 2진수를 대입한다 ··177
  - (3) 조합회로의 설계 ···181
  - column 플립플롭의 내부 ··187
  - column 다양한 플립플롭 ··190
  - ◆ 용어해설 ··193

- 마지막 하드웨어 기술언어에 의한 디지털 회로설계 ·································208

참고문헌과 관련 도서 ··211
찾아보기 ···212

제1장
디지털 회로란?

제1장 디지털 회로란?

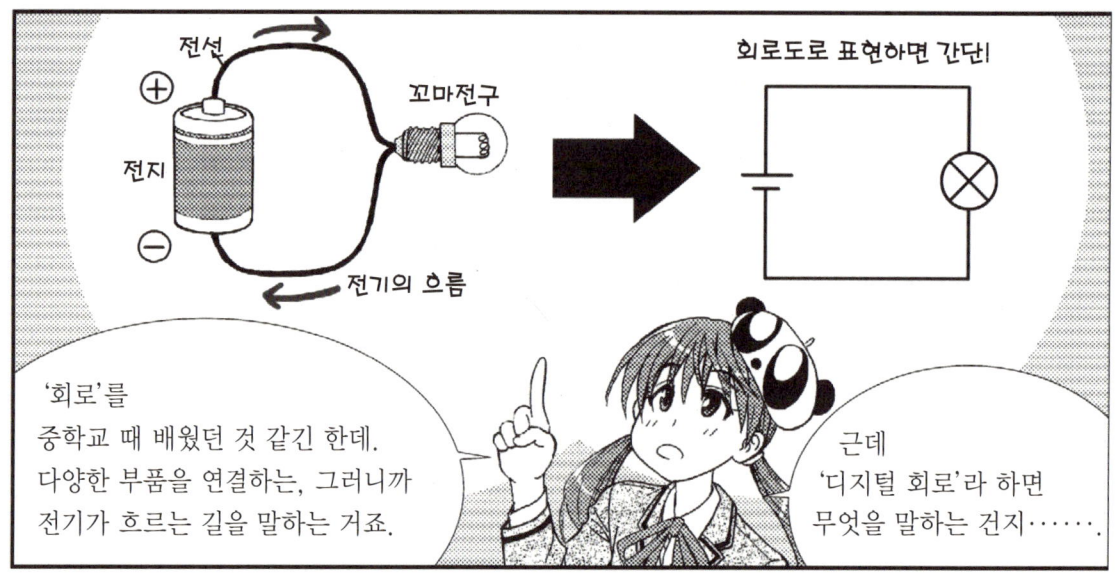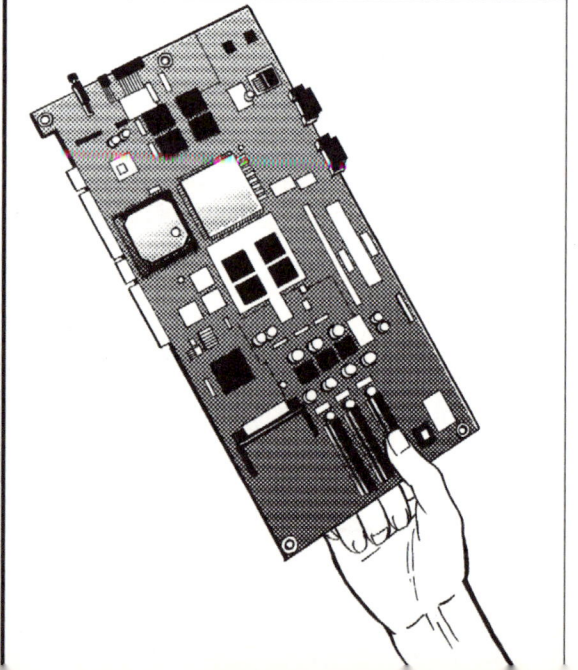

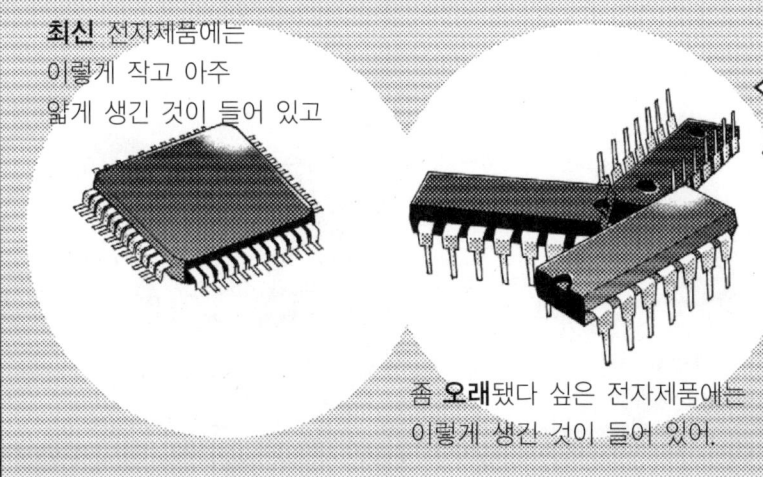

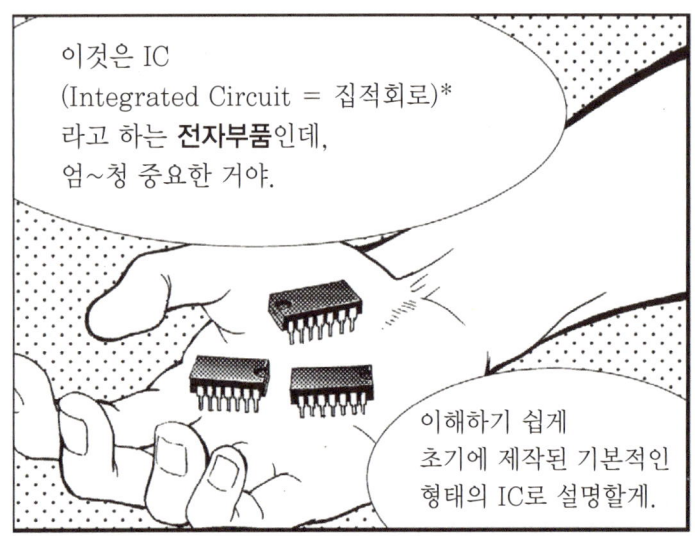
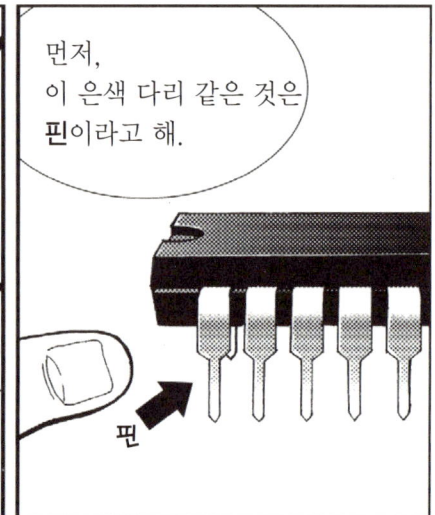

* 비교적 대규모의 집적회로를 LSI이라고 하는 경우도 있다.

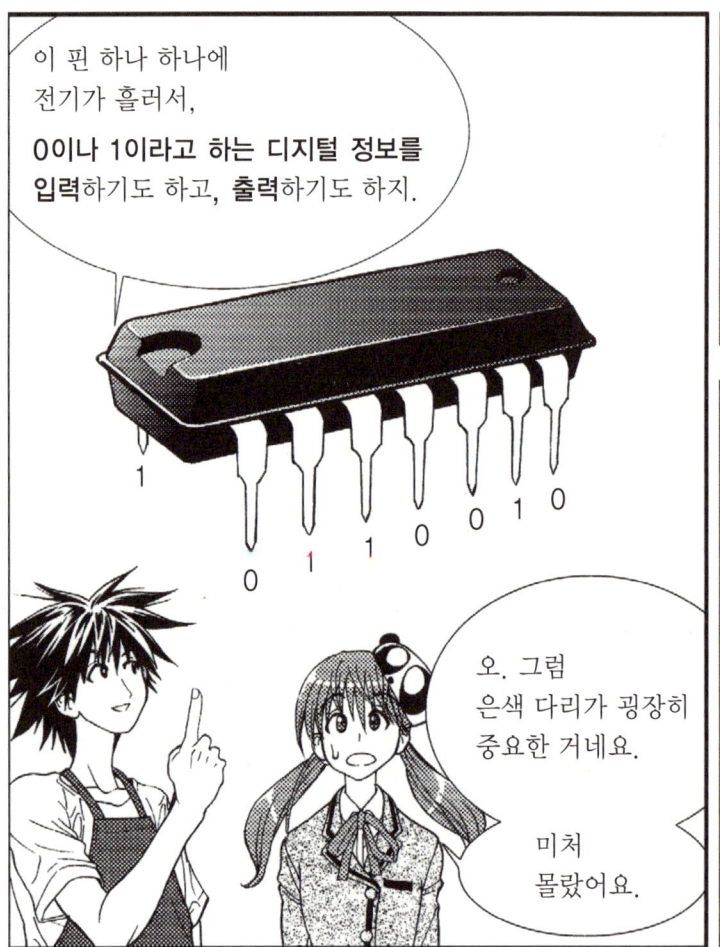

어엇!?

주사위의 눈이 굉장히 빠른 속도로 바뀌네요.

스톱을 눌럿더니 멈추고… 3이 나왔습니다.

네, 그럼 시급은 3000원으로 결정~!

3000원

너무 하시네요 점장님!!

사~ 삼천원…!!

어이, 거기! 곧이곧대로 받아들이지 말라고!

그래, 시간당 3000원은 농담이었고… 이 주사위는 몇 번을 작동해도 1에서 6까지를 표시하는 눈이 나오게 되어 있지.

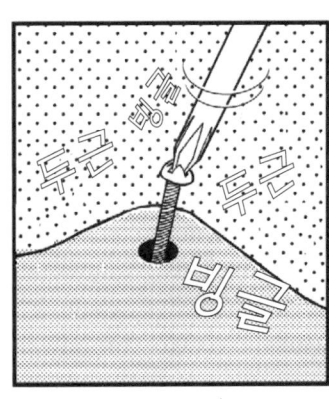

앗!?
예전에 봤던 검은 벌레…
가 아니잖아.
달랑 IC 몇 개뿐이네!

내가 생각한 회로도를 만들기 위해 필요한 것이 바로… IC라고 하는 거야.

그래. 이렇게 단순한 것에도 IC가 사용되고 있단다.

와~ 그렇구나. 이런 단순한 주사위에도 IC가 사용되는구나.

그럼, IC 논리 어쩌고 하는 것도

의외로 간단한 것일지도 모르겠네요.

그래, 맞아!

그렇다고 단번에 고성능 전자제품의 내부를 이해하기는 어렵지만

마음만 먹으면 이런 전자주사위 정도는 거뜬히 이해할 수 있어.

'전자주사위 회로 설계' 역시

너 혼자 충분히 할 수 있다고!!!

디지털 IC

　IC는 Integrated Circuit의 약자로, 집적된 회로, 즉 많은 트랜지스터가 집적된 반도체를 가리킨다.

　IC는 이 책에 나온 검정색 패키지 안에 들어 있으며, 칩이라고도 한다. IC 대부분은 디지털 회로가 들어 있는 디지털 IC로, 수많은 트랜지스터가 들어 있다. 그 중에서도 백만 개가 넘는 트랜지스터를 탑재한 것을 LSI(Large Scale Integrated Circuit : 대규모 집적회로)라고 한다. 최근 LSI는 칩의 사방에 극히 가는 리드선(lead wire)을 부착한 표면 실장용 패키지에 넣고, 프린트 기판 위에 단단히 부착해 실장한다. 휴대전화를 비롯한 최근 IT 제품을 분해하면 작은 인쇄회로기판 위에 이와 같은 표면 실장용 LSI가 다른 부품과 함께 장착되어 있는 것을 볼 수 있다. 칩의 수는 의외로 적다. 제품의 기능을 통째로 LSI 칩 위에 놓을 정도로 LSI의 집적도가 커졌기 때문이다.

　지혜가 분해한 전자주사위 안에 사용된 디지털 IC는, 트랜지스터 수십 개가 들어갈 정도의 소규모 IC로 돈벌레(그리마)처럼 양쪽에 다리가 달린 패키지(DIP : Dual Inline Package)에 들어있다. 1970년대, 80년대까지는 이것을 전자상가에서 구입한 다음, 구멍이 뚫려 있는 만능기판에 꽂고 납땜으로 배선해서 디지털 회로를 만들었다. 현재는 이런 IC는 교육용 이외에는 사용하지 않게 되었고, 대신 설계자가 자유롭게 내부 프로그래밍할 수 있는 IC인 PLD(Programmable Logic Device)가 사용되고 있다.

　PLD와 마찬가지로 FPGA(Field Programmable Gate Array)는 대규모 고속 디지털 회로를 탑재할 수 있으며, 저렴하고 설계도 간단하다. 테스트용 기판도 다량으로 판매하고 있으며, 같은 칩끼리 납땜할 필요도 없다. 전자공작을 한다면 FPGA를 사용해 간단히 만들 수 있다. 그러나 FPGA에서는 디지털 회로가 칩 안에 들어있기 때문에 아무리 잘 분해해도 그 구조는 보기 어렵다. 그래서 이 책에서는 예전의 전자공작의 세계로 돌아가 디지털 회로를 공부하고자 한다. 소규모 집적회로를 사용한 전자공작의 세계와 마찬가지로 최신의 FPGA를 사용하더라도 디지털 회로의 원리 자체는 똑같기 때문이다. 원리를 알면 최신 CAD(Computer Aided Design)와 FPGA를 사용하여 원하는 디지털 회로를 만들 수 있다.

FPGA

　FPGA(Field Programmable Gate Array)는 프로그램이 가능한 IC의 한 종류이다. 내부에 작은 진리표, 플립플롭이라고 하는 기억소자, 그리고 그 사이를 연결하는 배선과 작은 스위치가 많이 들어 있다. 그림 1은 고전적인 FPGA의 구조를 나타낸 것이다. 이 진리표에 값을 대입하고, 스위치를 적절히 설정하면, 용도에 맞게 디지털 회로를 설계할 수 있다.

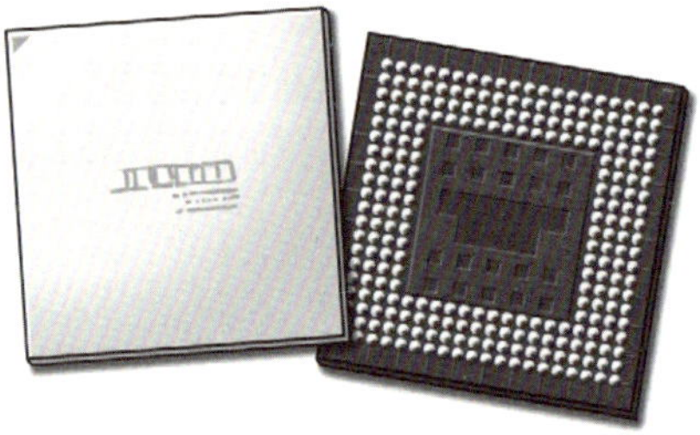

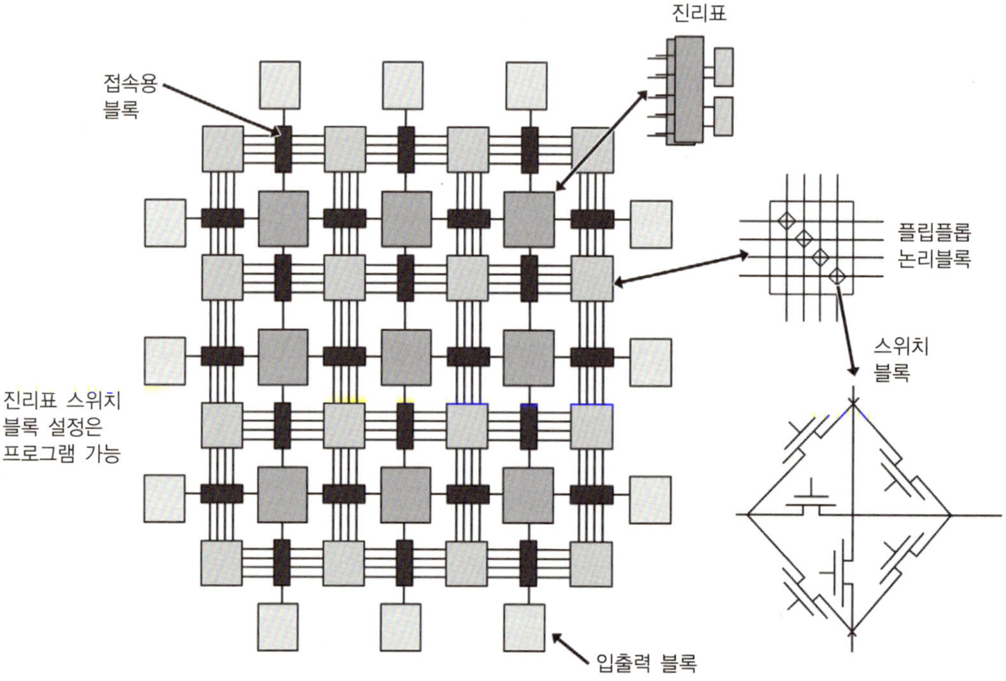

그림 1 FPGA의 구조

FPGA 설계는 하드웨어 기술언어 등을 사용하여 컴퓨터 프로그래머가 프로그램을 작성하는 것처럼 한다.
　그리고 컴퓨터상 CAD(Computer Aided Design)라고 하는 애플리케이션을 사용하여 FPGA에 설정하는 배선 데이터를 만든다. 현재 FPGA를 만들고 있는 회사는 Xilinx와 Altera 두 곳이 가장 유명하며, 두 회사 모두 교육용으로 무료 CAD를 사용할 수 있도록 해오고 있다. FPGA용 테스트 보드도 저렴한 것은 몇 만원 정도에 살 수 있다.

　이처럼 디지털 회로를 만들어 보면 컴퓨터 CPU, 로봇의 제어회로, 게임의 회로 등 무엇이든 설계하여 간단하게 작동시킬 수 있다. FPGA를 사용한 게임 콘테스트 등 다양한 설계 콘테스트도 개최되고 있다.

　아래는 Xilinx와 Altera의 웹사이트이다(2013년 12월).

◆ Altera
http://www.altera.co.jp/index.jsp
http://www.altera.co.jp/products/fpga.html#
FPGA 입문

◆ Xilinx
http://japan.xilinx.com/

제1장 용어해설

- **IC(Integrated Circuit) 집적회로** : 다양한 트랜지스터에 모여 있는 반도체를 가리킨다. 디지털 IC와 아날로그 IC가 있는데, 이 책에서는 디지털 IC 안에서 사용되고 있는 디지털 회로에 대해 공부한다. LSI(Large Scale IC), 대규모 집적회로는 이 중에서도 특히 큰 규모를 가진 것을 가리킨다.

- **논리회로** : 1과 0의 2종의 기호만으로 AND, OR, NOT 등의 논리연산을 하는 회로이다. '디지털 회로 = 논리회로' 라고 보면 된다.

- **논리 게이트** : 논리연산을 하는 기본 소자를 가리킨다. AND(논리곱), OR(논리합), NOT(반전), NAND (부정 논리곱), NOR (부정 논리합), XOR(배타적 논리합)이 있다. 제2장에서 소개하는 7432 등은 게이트가 소수 포함되어 있는 표준 로직 IC로, 전에는 자주 이용되었으나 지금은 거의 사용되지 않는다.

- **불 대수, 논리학** : 디지털 회로 설계의 기본이 된다. 제2장의 칼럼을 참고하기 바란다.

제2장
디지털과 아날로그

1. 디지털과 아날로그

▶ 아날로그 회로에서 디지털 회로까지

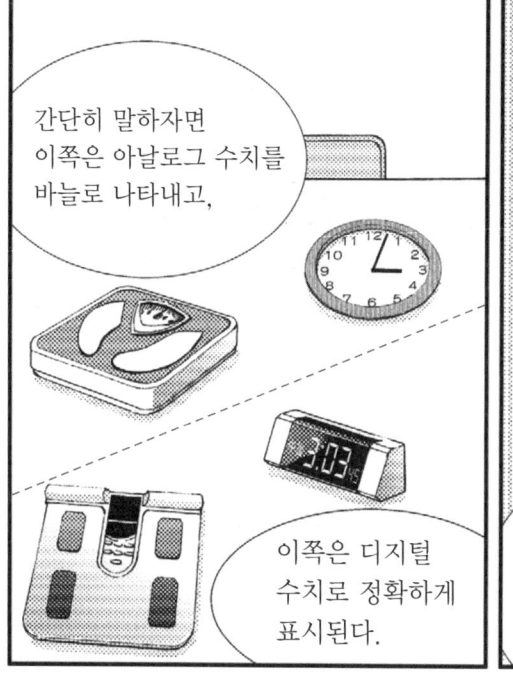

간단히 말하자면 이쪽은 아날로그 수치를 바늘로 나타내고,

이쪽은 디지털 수치로 정확하게 표시된다.

아날로그 체중계는 **눈금으로** 몸무게를 알려주고, 디지털 체중계는 **정확한 숫자**로 알려줘요.

우~ 여자의 마음을 반영한 듯한 느낌인데!

'아날로그 회로'와 '디지털 회로'의 이미지도 이와 같은 원리야.

아, 그래요?

그러니까 회로에 흐르는 **전압***[V]의 값에 대해 생각해 보면,

'아날로그 회로'의 경우에는 전압의 극히 작은 값도 중요해.

'0.1V'와 '0.2V'차이는 물론이지만, '0.1V'와 '0.1001V'간의 근소한 차이도 중요할 수 있어.

* 전압이란 전기가 흐르는 힘이다. 단위는 V(볼트).

↓ 시간의 흐름에 따라 변화하는 전압의 값을 표로 나타낸 것이다.

2. 디지털 회로가 아날로그 회로를 압도한 이유

▶ 논리회로란?

머릿속에 대충 연상은 되요.
음,
IC에서 이루어지는 계산처리가 '**논리연산**'이라는 거죠.

대체 어떤 계산일까…….
논리라고 하니까 왠지 어려울 것 같아….

아니야. 형준이도 설명할 수 있는 정도로 아주 간단해.

자, 설명해 봐.

어, 그러니까,
이 IC 안에는
논리회로가
들어 있어.

예를 들어 74시리즈인 7432라고 하는 IC 속에는, 이렇게…….

OR 회로라고 하는 것이 몇 개가 들어 있어.
이것은 회로를 기호로 표현한 그림이야.

↑ 핀

핀

슥삭

슥삭

오호~!

정말로 같은 모양이 4개 있어요.

하나 하나가 핀과 연결되어 있네요.

응.
각각 핀에서
0이나 1로 입출력
되는 거지.

하나의 기호에 주목해 보면 다음과 같아.

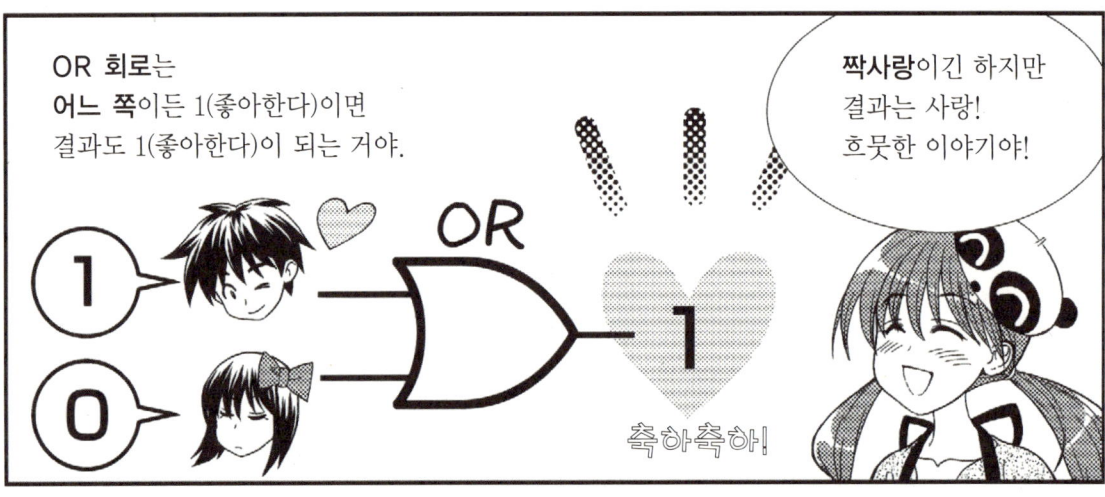

■ 디지털 회로는 수로 승부한다!

디지털 회로는 왜 유리한가?

왜 디지털 회로가 유리한지 그 수수께끼를 풀고 싶으면 이것을 좀 볼래?

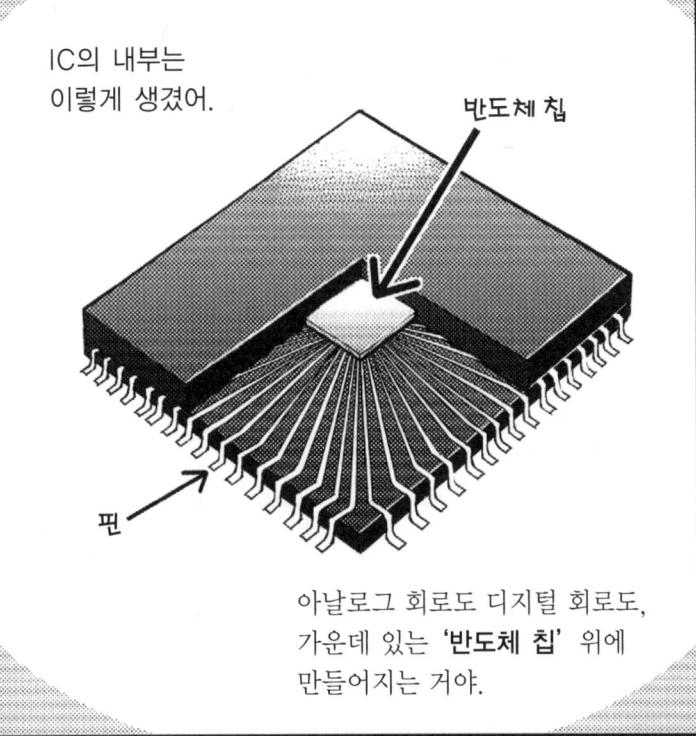

IC의 내부는 이렇게 생겼어.

반도체 칩

핀

아날로그 회로도 디지털 회로도, 가운데 있는 **'반도체 칩'** 위에 만들어지는 거야.

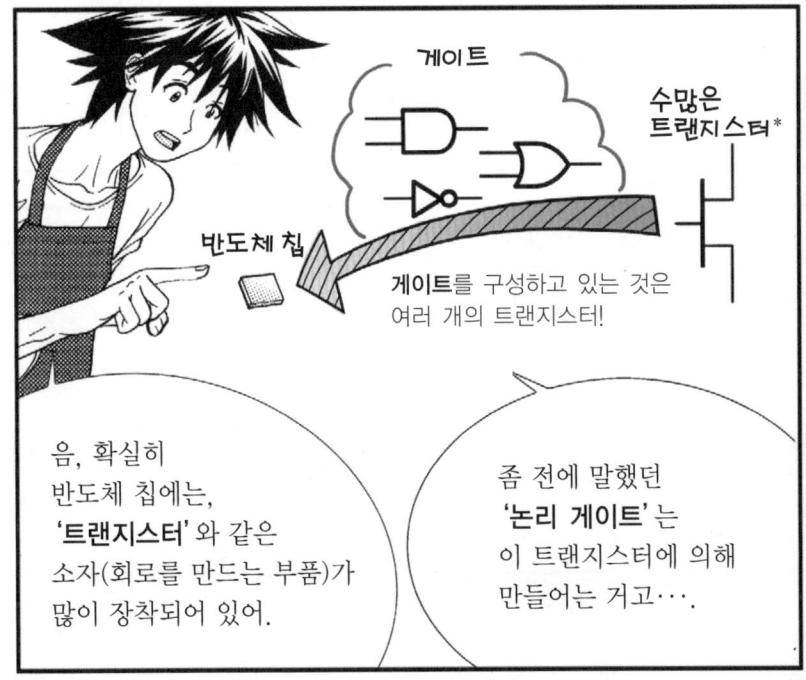

게이트

수많은 트랜지스터*

반도체 칩

게이트를 구성하고 있는 것은 여러 개의 트랜지스터!

음, 확실히 반도체 칩에는, **'트랜지스터'** 와 같은 소자(회로를 만드는 부품)가 많이 장착되어 있어.

좀 전에 말했던 **'논리 게이트'** 는 이 트랜지스터에 의해 만들어는 거고….

형준, 그래, 바로 그거야!!

*이것은 트랜지스터의 기호도이다. P.86에서 상세하게 설명한다.

우왁~

반도체 기술이 발전하면서 디지털 회로도 발전한 거네요.

CMOS

그렇지. 특히 1980년대, **CMOS**(시모스)라 하는 반도체 회로 기술이 급속히 발달했어.

아날로그 신호를 디지털화해서 처리할 수도 있게 됐지.

그리고 지금은, TV는 물론 카메라나 비디오도

대부분 디지털 회로로 만들어지고 있어!

영상도, 음악도, 문장도 모든 것은 **0과 1이란 숫자를 나열**한 데이터로 표현할 수 있게 된 거야.

디지털 회로의 설계는 간단하다

그럼, 여기서 잠깐. 왜 '디지털 회로 설계가 아날로그 회로보다 간단하다!'고 하는지 잠시 설명할게.

시대의 변화에 따라 아날로그 회로를 디지털 회로로 전환했기 때문에 디지털쪽이 아날로그보다 '앞서 있다' 또는 '어렵다'고 생각하는 사람도 있을 수 있겠지만, 그것은 완전 오해야.

으음.
그렇군요. 본래 디지털 회로는 L과 H(0과 1)밖에 없고, 게이트의 기능도 아주 단순하기 때문에 설계는 아날로그 회로보다도 간단하다는 거죠.

그런데 대학에서는 디지털 회로를 이론화하기 위해 불대수, 논리학과 연결시키고 있는데 말이야. 이것이 묘하게도 디지털 회로를 어렵게 느껴지도록 만드는 것 같아……. 에구~

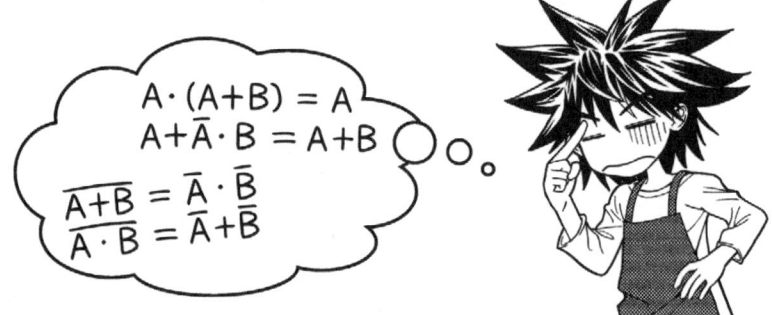

아, 복잡해.
불대수나 논리학도 꼭 공부해야만 하는 건가요?

아니야.
논리학이나 불대수는 설계할 때 편리한 도구이긴 하지만, 설계를 하기 위해 꼭 이런 학문을 깊이 연구할 필요는 없어.
어려운 수식같은 것은 필요 없고, 극히 간단한 원리만 이해하면 누구나 디지털 회로를 설계할 수 있거든.

오우. 힘이 되는 말이네요!
저도 열심히 하면 전자주사위의 회로를 설계 할 수 있다는 거네요.

하지만…….
더 복잡한 전자기기를 설계하고 싶을 땐 어떻게 하죠? 그것도 간단한가요?

음…. 예리한 질문인데.
디지털 회로 설계는 간단해.
하지만 어쨌든 '수로 승부'하는 것이기 때문에 정말 거대한 회로, 예를 들어 컴퓨터 같은 것을 설계할 경우,
'복잡하고 큰 회로를 어떻게 설계하지?'
라는 문제에 직면하게 되지.

아 복잡하고 큰 회로라…….
머릿속에 그려지지 않네요.

음, 복잡하고 큰 회로를 설계하기 위해서는,
컴퓨터 아키텍쳐나 시스템 설계기술 같은 디지털 회로와는 다른 분야의 지식이 필요하지. 이것은 별도로 공부해야 되는 부분이야.

아, 그래요?
역시 세상에 쉬운 일은 하나도 없다니까!
알면서도 한편 씁쓸하네요.

자자, 그렇게 풀 죽어있지 말고!
컴퓨터 기술이 발달하고, CAD(Computer Aided Design)라는 기술이 생겨 얼마나 다행인지 몰라.
디지털 회로의 간략화나 동작하는 속도 계산 같은, 설계상 번거로운 일은 전부 CAD가 해 주거든.

 최근 디지털 회로 설계자가 HDL(하드웨어 기재언어)이나 컴퓨터 프로그래밍 언어에 가까운 방법으로 대상 시스템에 기술하면, CAD가 디지털 회로를 만들어 주게 되어 있어. 편리하지?

더불어서······
컴퓨터 기술의 발전도 디지털 회로의 덕분이라는 것!

 와~ 컴퓨터 덕분에 번거로운 일을 사람이 하지 않아도 된다는 거죠?
컴퓨터야, 고마워.

 그렇지. 그만큼 인간은 또 다른 일에 머리를 써야 하는 거지.
'어떤 능력을 추가했을 때 매력적인 디지털 시스템이 될 것인가?' 이러한 질문을 던져 보는 것도 바로 지금 시대를 살아가고 있는 인간만이 할 수 있는 일이야.

 보다 좋은 발상을 위해 기초적인 디지털 회로의 구조를 잘 알아두는 것이 좋겠지.
발상이나 생각 같은 인간만이 할 수 있는 능력을 키우는 것도 중요하다고 생각해.

 맞아요. 맞아!
앞으로 어떤 전자기기가 등장할 지 모르지만 아이디어를 구상하는 건 인간이에요. 아이디어를 회로설계로 표현하는 기술이 컴퓨터 덕분에 더욱 발전한 건 사실이지만요.

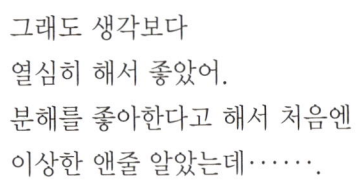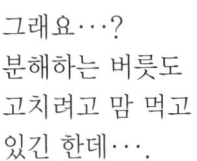

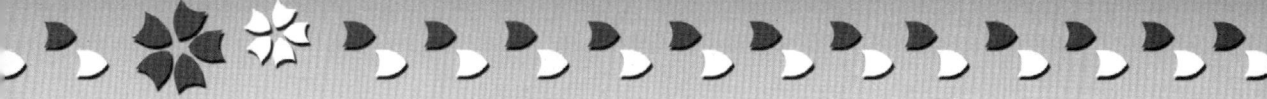

Column 불 대수란?

    대수(代數)란, 이름 그대로 '숫자 대신' 문자나 기호를 사용해 방정식의 해법을 연구하는 수학의 한 분야를 말한다. 보통 초등학교에서 배우는 대수는 10진수에 대한 덧셈, 뺄셈, 곱셈, 나눗셈 등 사칙연산을 하거나, 모르는 수를 변수로 방정식을 세워 답을 구하기도 한다.

    이와는 달리 **불 대수**란 '참', '거짓' 혹은 '1'이나 '0'의 두 개 값밖에 얻을 수 없는 수에 대해 사칙연산이 아닌 논리연산을 하는 대수이다.

    논리연산이란, 이 책에 나온 AND, OR, NOT 등의 연산을 말한다.

    여기에서는 게이트의 기호를 그림으로 표현했지만, 불 대수에서는 수학기호를 사용한다. 그림 1에 그 차이가 나타나 있다.

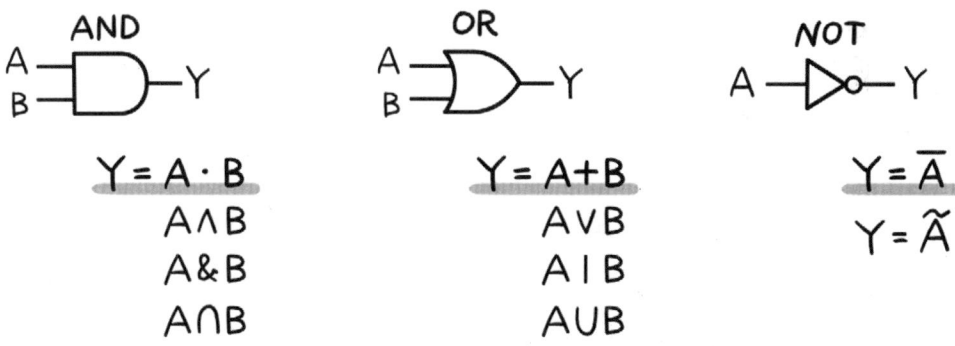

그림 1 MIL 기호*와 불 대수식의 비교 *제2장에서 해설한다.

    AND 즉, 논리곱의 기호로는 「·, ∧, &, ∩」 등이 사용되고, OR 즉, 논리합의 기호로는 '+, ∨, |, ∪' 등이 사용된다.

    이 책에서는 표준적인 「·」와 「+」를 사용하기로 한다. 이것은 2진수로 생각하면 AND가 곱셈, OR은 덧셈에 해당하는 데서 온 것이다.

제2장 디지털과 아날로그

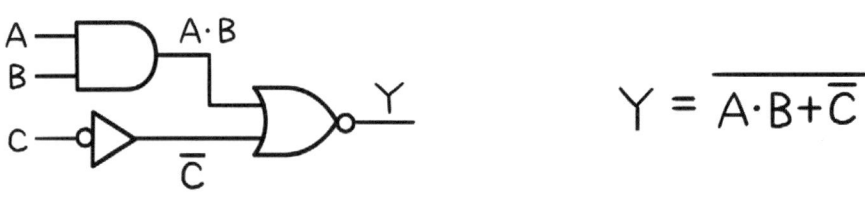

그림 2 회로와 불식의 예

그림 2의 회로를 불 대수식, 즉 **불식**으로 쓰면 그림의 오른쪽과 같이 된다. 불식은 보통 대수와 마찬가지로, **AND(논리곱) 쪽이 OR(논리합)에 우선**한다. 또한 **NOT**은 선이 그어진 부분의 아래에 있는 식의 1 / 0을 뒤집는다.

디지털 회로의 동작과 구성은 그림으로 보는 쪽이 알기 쉬운 경우가 많다. 하지만 여백이 없어 그림을 그릴 수 없는 경우나 컴퓨터 프로그램처럼 문장 속에 써야 할 경우에는 식으로 쓰는 것이 편리하다. 이럴 경우 불 대수를 사용한다.

이 책에서도 불 대수식을 조금 사용했다. 하드웨어 기술 언어로 컴퓨터 프로그램을 쓰듯이, 디지털 회로를 설계하는 방법으로도 불 대수를 사용한다.

이렇게 **불 대수는 디지털 회로와 밀접한 관계**이다.

그런데 불 대수는 대수이기 때문에 식이 변형을 한다. 예를 들면, 제3장에서 소개할 '**드모르간의 법칙**'을 불식으로 그려보면 $\overline{A \cdot B} = \overline{A} + \overline{B}$ 혹은 $\overline{A + B} = \overline{A} \cdot \overline{B}$가 된다.

드모르간의 법칙은 '입력의 정식, 게이트올과 이그지스트, 출력의 부호를 전부 뒤엎으면 원래와 같아진다'는 법칙이다.

* 올은 앞이 둥근 게이트, 이그지스트는 앞이 뾰족한 게이트이다. P.65에서 설명한다.

드모르간의 법칙

$$\overline{A \cdot B} = \overline{A} + \overline{B}$$
$$\overline{A + B} = \overline{A} \cdot \overline{B}$$

또 불 대수에서는 교환법칙, 결합법칙, 분배법칙이 성립하며, 드보르간의 정리도 성립한다. 제4장에서 소개할 '간략화'도 불 대수의 기본법칙을 사용해 식 변형을 하면 되는 경우가 있다.

불 대수는 디지털 회로 설계의 이론적인 기초에 해당되기 때문에, 대학의 디지털 회로의 설계 수업에서 불 대수의 기본적 법칙을 외워 식변형을 연습하기도 한다. 그러나 이것은 디지털 회로 설계의 관점에서는 그다지 중요한 의미를 갖지는 않는다.

의미 있는 디지털 회로의 설계는 불 대수의 변형을 몰라도 가능하다. 물론 불 대수는 표기법상으로서는 중요하다. 불 대수의 세계가 '재미있다'고 생각하는 사람은 여기에서 소개하는 설계법과 불 대수의 관계를 잘 살펴보기 바란다.

그러나 불 대수는 수학 같아서 싫어하는 사람도 디지털 회로 설계는 할 수 있으므로 안심하길 바란다. '집합'이나 '논리학'도 디지털 회로와 관계가 있지만 몰라도 문제는 없다.

제2장 용어해설

- **아날로그 회로** : 아날로그 전기 신호를 처리하는 전자회로이다. 연속된 입력 신호를 받아서 연속된 출력 신호를 보낸다. 신호의 값은 정해진 범위에서 어떤 값도 얻을 수 있고, 각각의 값이 의미를 갖는다.

- **디지털 회로** : 연속된 입력 신호를 받아서 불연속된 출력 신호를 보내는 전자회로이다. 보통은 H(높은 레벨)와 L(낮은 레벨) 혹은 1과 0의 두 신호 레벨을 다룬다. 일정한 전압(이것을 이산값, 스레스홀드 레벨(threshold level)이라고 한다)을 초과한 것을 H, 그것보다 낮은 것을 L로 판단한다. 이 때문에 디지털 회로는 L과 H의 논릿값에 대해 연산을 하는 논리회로와 같은 의미가 된다.

- **논리연산** : 0과 1이 되는 수에 대한 연산으로 논리곱(AND), 논리합(OR), 반전(NOT) 등의 연산이 대표적이다. 논리연산의 체계는 불 대수이다. 이것은 칼럼을 참조하기 바란다.

- **74시리즈** : 디지털 회로의 표준 IC로 1개의 칩 안에 기본적인 게이트가 들어 있다. 이 책에서 해설한 것은 OR게이트가 4개 들어간 7432인데, 동일한 기본적인 게이트인 AND게이트가 4개가 들어간 것은 7408, NOT게이트가 6개 들어간 것은 7404로, 번호와 핀 배치가 정해져 있어 어떤 회사가 만들어도 같도록 공통화되어 있다. 다소 복잡한 것 중에는 제4장에 등장하는 플립플롭이나 레지스터, 제3장의 칼럼에서 설명하는 멀티플렉서 같은 것들이 있다. 예전에는 이 표준 IC를 구입해 구멍이 난 기판 위에 배선하여 디지털 회로를 만들었다. 그러나 최근에는 제1장에서 소개한 FPGA(Field Programmable Gate Array)가 사용되면서 사라지고 있는 추세이다.

- **논리회로** : 논리연산을 하는 디지털 회로를 논리회로라고 한다. 그러나 디지털 회로는 보통 논리연산반 하기 때문에 디지털 회로=논리회로라고 생각해도 된다. 그렇다면 왜 논리회로와 디지털 회로라는 두 언어가 존재할까? 그것은 논리회로라고 하는 경우 논리연산을 하는 회로, 즉, 논리의 내용에 초점을 둔다. 이에 반해 디지털 회로는 전자회로로서의 전기적인 성질을 다룰 때 사용한다. 그러나 엄밀하게 구분할 필요는 없다.

- **CMOS** : 제3장의 칼럼을 참조 바란다.

제3장
조합회로를 만들자

1. 진리표, MIL 기호법

다수결의 디지털 회로

안녕하세요!

…어머?

오늘 점장님은요?

으응~
일요일엔 점장님이 출장이니까 오늘은 우리 둘뿐이네.

그~ 그래요?

갑자기 주어지는 둘만의 시간이라니!!!

아 맞다.
이건 점장님이 전해 달라고 하셨어.

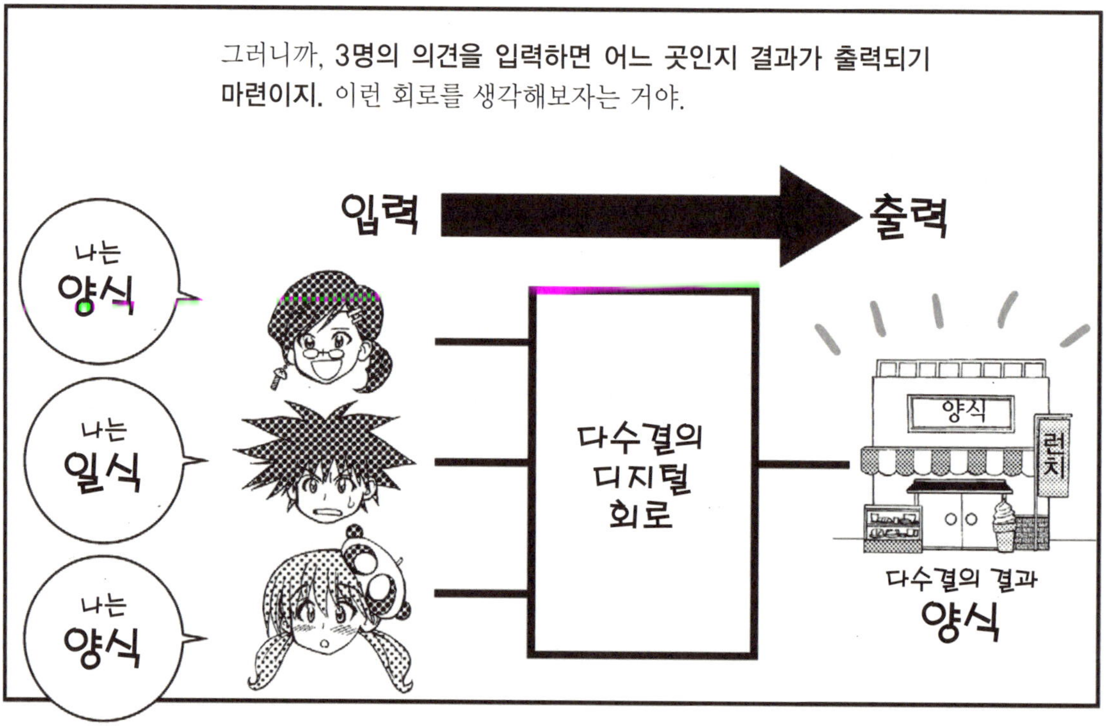

그러니까, 3명의 의견을 입력하면 어느 곳인지 결과가 출력되기 마련이지. 이런 회로를 생각해보자는 거야.

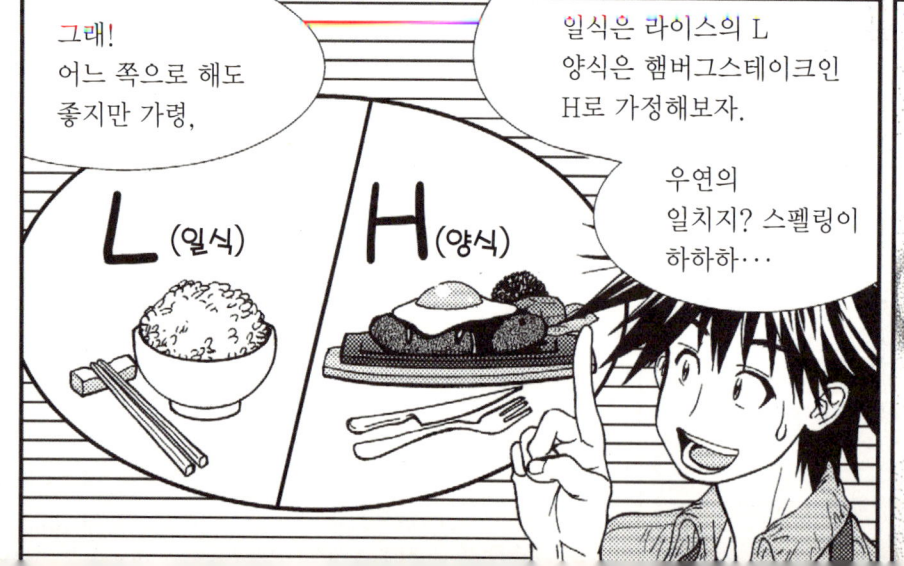

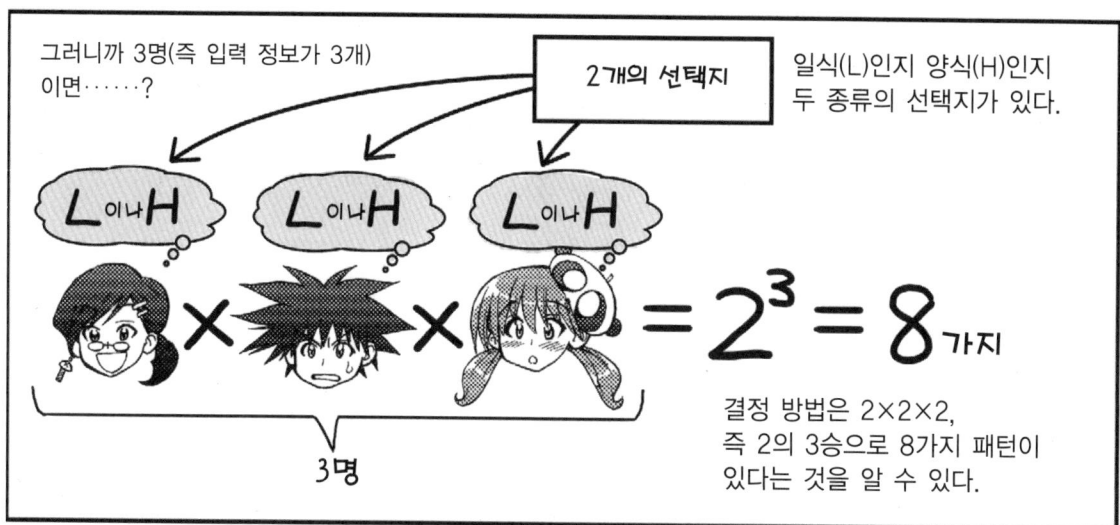

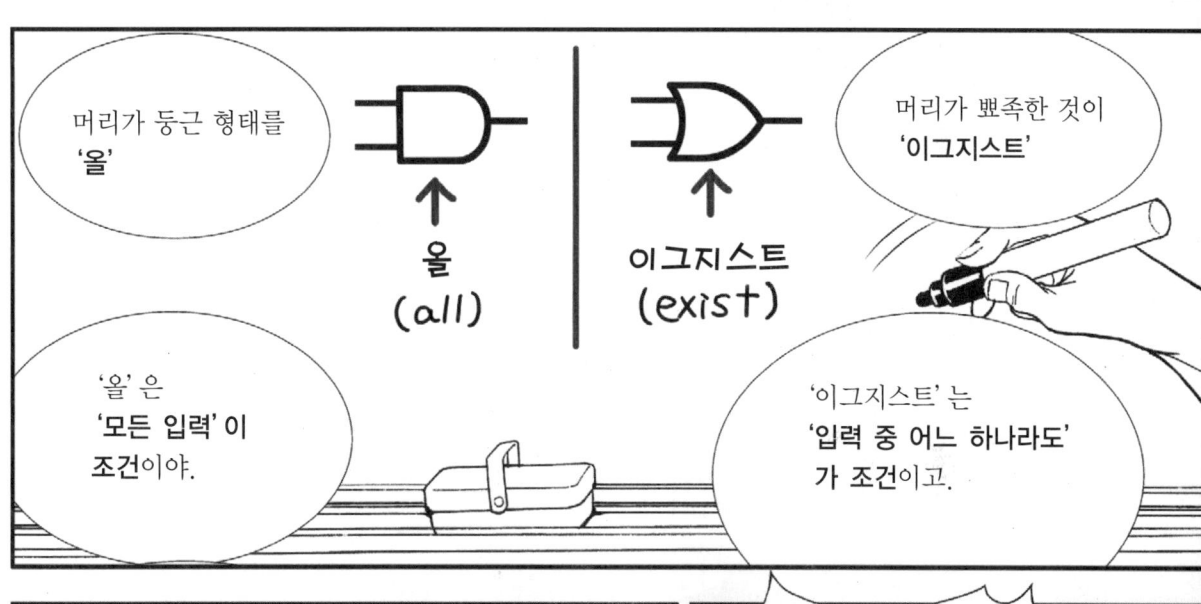

입력 ⟶ 출력

3개 이상일 경우에도!

※반드시 1개

아무것도 아니라니까

이전에 입력 정보가 2개인 경우에 대해 배웠는데…….

입력 정보가 3개 이상인 경우도 있어.

출력은 항상 1개이지만.

예를 들어 입력 정보가 5개면 올은 '5개 모두'가 조건.

이그지스트는 '5개 중 1개라도'라는 조건이 있어.

올 (all)   이그지스트 (exist)

all은 '모든 것' 이라는 의미고,

exist는 '존재한다' 는 뜻이니까, '1개라도 존재한다면……' 의미로 알아두면 돼.

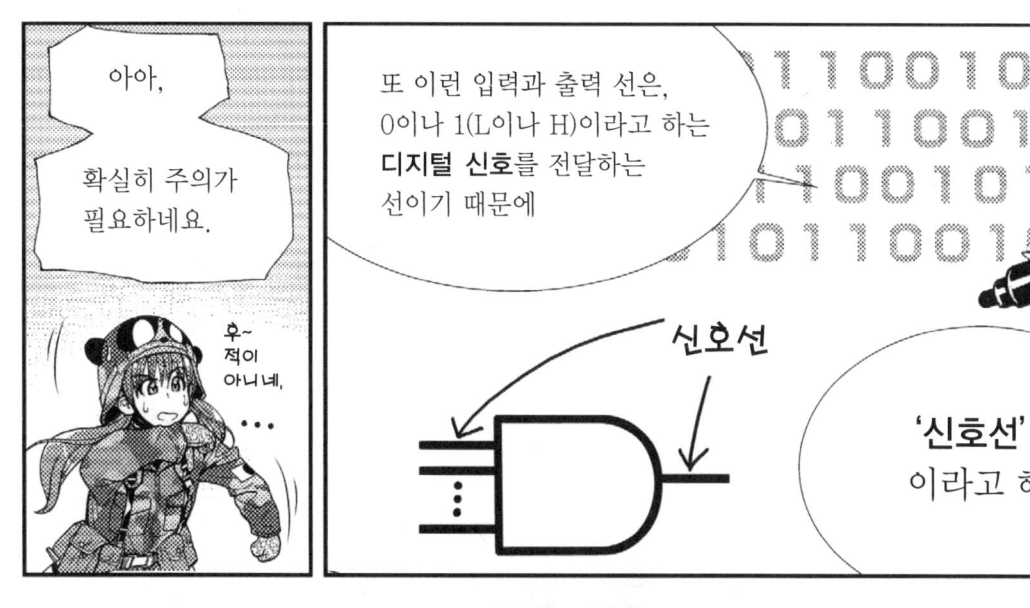

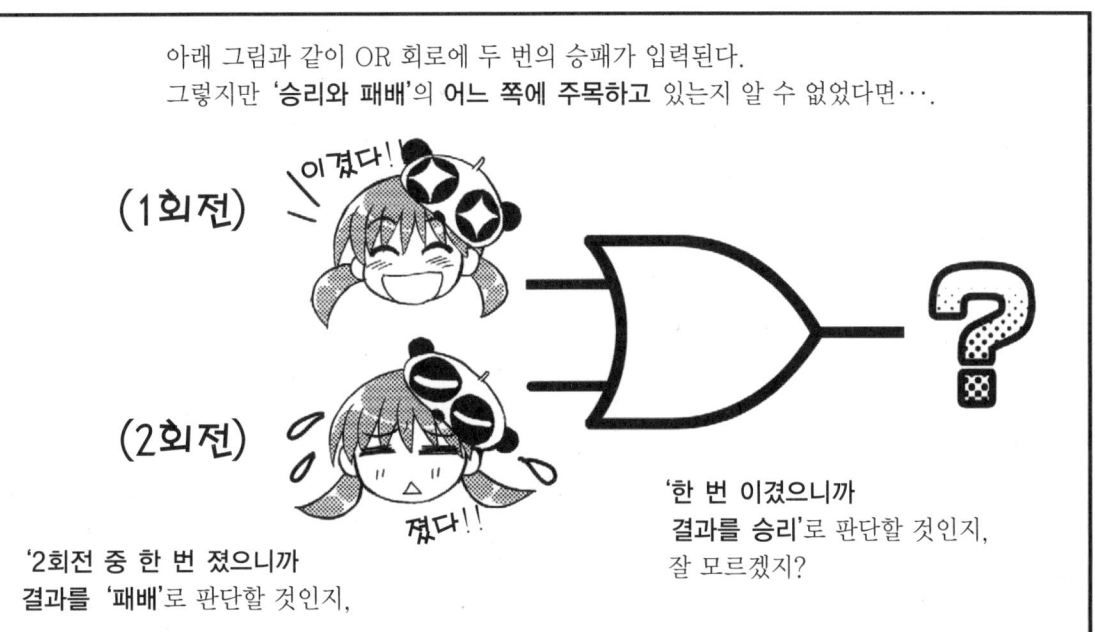

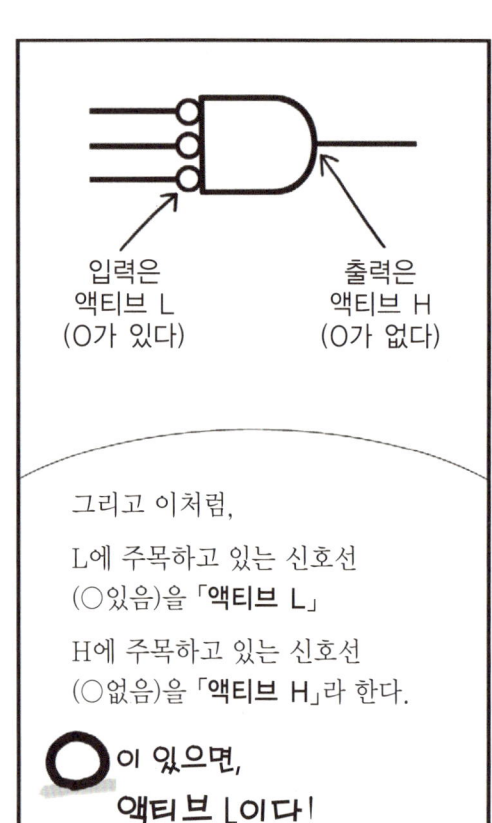
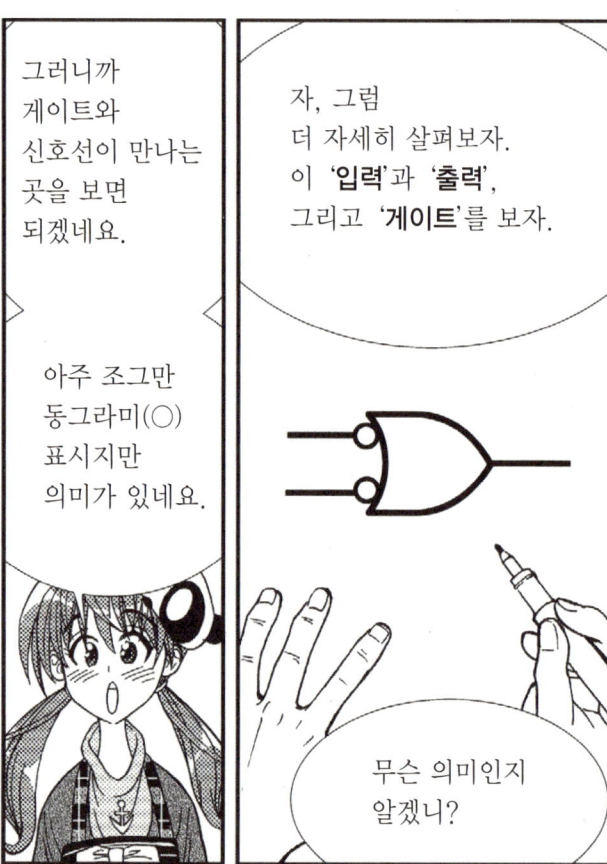

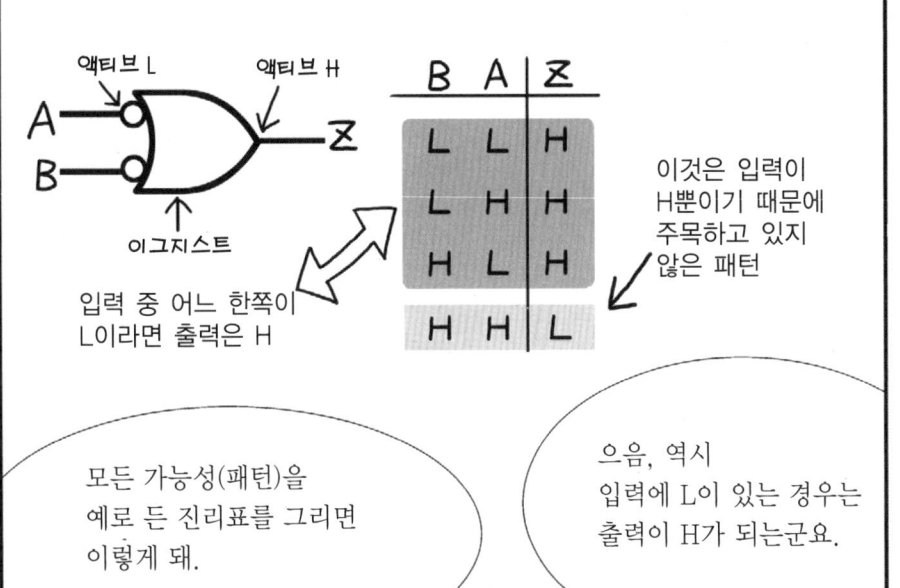

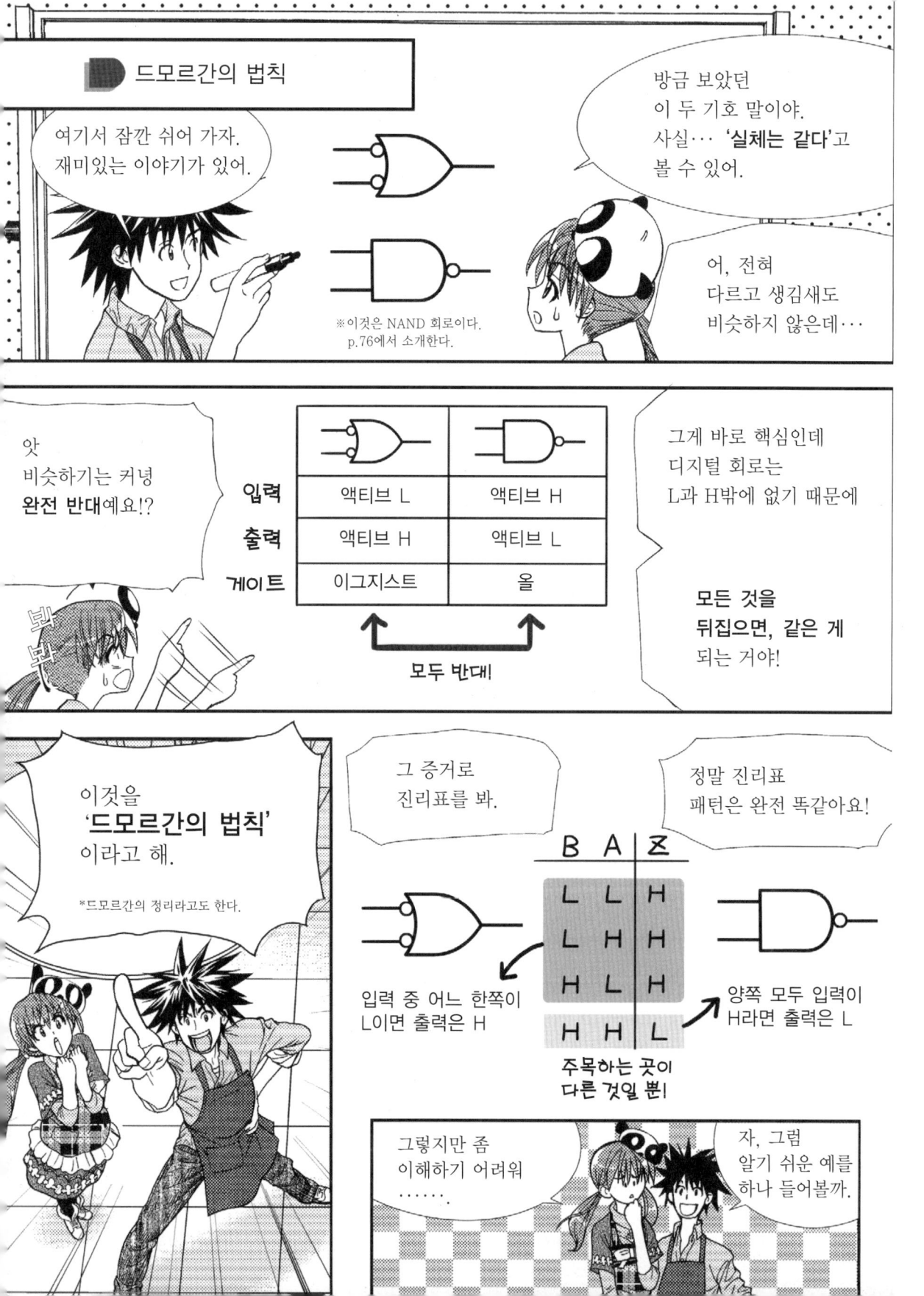

역시!
심플한 기호로
전하고 싶다는 생각이
담겨 있는 거네요.

회로 설계자들 역시
자신의 의도를 바르게
전하고 싶어 하지.

실체는 같아도,
2개의 기호를 구분하여
사용함으로써
'**설계자의 의도를
표현**'할 수 있단다.

전달해라 이 생각!
마지막 기호까지-☆

오~
아이돌 스타 같은데.

아잉,
놀리지 마세요.

▶ MIL 기호법에 의한 기본 게이트의 정리

그럼 마지막으로 정리한다.
MIL 기호법은
단 4개의 기호로
되어 있어.

| 올 | 이그지스트 |
| 액티브 L | 논리상의 의미는 없다
신호를 앞으로 보내는 것뿐 |

이것들을 조합하면
다양한 회로가 만들어지지.
대표적인 회로를 이제부터
소개할게.

〈MIL 기호법에 의한 기본 게이트의 정리〉

이해를 돕기 위해 입력은 두 가지로 제한했다.

	입력이 액티브 H	입력이 액티브 L
AND B A | Z L L | L L H | L H L | L H H | H	이 진리표에는 두 가지 명제가 있다. (i) A, B 양쪽 모두 H이면 출력도 H 입력 : 액티브 H 출력 : 액티브 H 게이트는 올	(ii) A, B 중 어느 한쪽이 L이면 출력도 L 입력 : 액티브 L 출력 : 액티브 L 게이트는 이그지스트
OR B A | Z L L | L L H | H H L | H H H | H	AND와 같이 두 가지 명제가 있다. (i) A, B 어느 한쪽이 H라면 출력도 H 입력 : 엑티브 H 출력 : 액티브 H 게이트는 이그지스트	(ii) A, B 양쪽이 모두 L이면 출력도 L 입력 : 액티브 L 출력 : 액티브 L 게이트는 올
NOT A | Z L | H H | L	(i) 입력이 H일 때 출력은 L	(ii) 입력이 L일 때 출력은 H
NAND B A | Z L L | H L H | H H L | H H H | L	(i) A,B 양쪽 모두 H일 때 출력은 L 입력 : 엑티브 H 출력 : 액티브 L 게이트는 올	(ii) A,B 중 어느 한쪽이 L일 때, 출력은 H 입력 : 액티브 L 출력 : 액티브 H 게이트는 이그지스트
NOR B A | Z L L | H L H | L H L | L H H | L	(i) A,B 중 한쪽이 H일 때, 출력은 L 입력 : 엑티브 H 출력 : 액티브 L 게이트는 이그지스트	(ii) A,B 양쪽이 L일 때 출력은 H 입력 : 액티브 L 출력 : 액티브 H 게이트는 올

2. 다수결 회로를 만들자

진리표에 대응하는 회로를 만든다 (가법표준형 설계법의 순서)

> **STEP 1** 진리표 H의 출력에 밑줄을 긋는다.
> 이 하나에 AND를 하나 지정해 준다.

자 그럼 시작한다. 여기에서 일식을 L, 양식을 H라고 하자.
'**양식 H를 선택할지 어떨지**'에 주목하여 진리표의 출력(결과)이 H인 곳에 밑줄을 그어보자.

C	B	A	Z	
L	L	L	L	
L	L	H	L	
L	H	L	L	
L	H	H	H	①
H	L	L	L	
H	L	H	H	②
H	H	L	H	③
H	H	H	H	④

네! 출력이 H가 되는 경우는 ①, ②, ③, ④ 4개입니다.

으응. 그럼, ①의 패턴을 잘 생각해 보자.
1은 'A씨와 B씨가 양식 H, C씨가 일식 L을 선택한 경우'지.
이것을 올의 게이트, 즉 AND를 사용해서 표현하면 아래 그림과 같다.

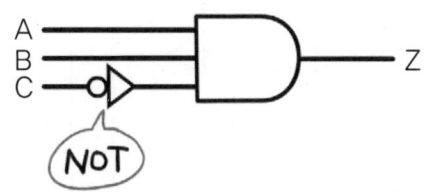

아하~ C씨만 일식 L이니까 C에게만 NOT가 사용되었네요.
NOT을 사용해 'L을 선택한 경우'를 표현했습니다.

제3장 조합회로를 만들자 **79**

그럼, ②패턴은 혹시 아래 그림과 같이 되나요?
'A씨와 C씨가 양식 H, B씨가 일식 L을 선택한 경우'인데요.

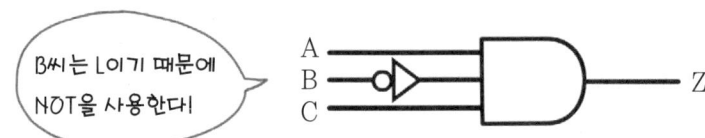

그래 맞았어! 이렇게 ①~④를 기호도에 그려 넣으면 **'결과가 양식 H가 되는 경우' 4가지 패턴**을 모두 표현할 수 있지.

네, 그렇지만……. 그렇게 하면 4개의 기호도가 따로따로 4개 만들어지잖아요. 따로따로인 상태로는 쓸 수 없는데 어떻게 해요?

그렇지. 모든 경우를 하나로 정리해 표현하기 위해서는 요령이 필요해. 지금부터 골조라는 것을 만들어 보자.

STEP 2 '입력 선'과 'NOT 게이트를 사용한 선'이 있는 골조를 만든다.

방금 전, 'L을 선택한 경우'를 표현할 때 NOT 게이트를 사용했지. 즉, '입력을 NOT으로 한 선'을 골조로 준비해두면 편리해.
아래 그림과 같이 'H를 선택한 경우'는 **보통의 '입력 선'**을 사용하면 되고, 'L을 선택할 경우'는 **'NOT 게이트를 사용한 선'**을 사용하면 돼.

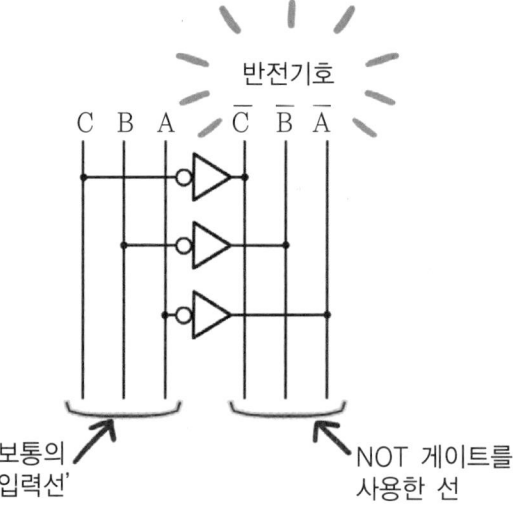

아하. 이런 골조가 있다면 깔끔하게 회로도가 그려지겠군요.
그런데 그 **반전 기호**라고 하는 건 뭐예요?

문자 그대로 '반전'이라는 의미야. A의 NOT은 $\overline{A}$라고 해. 아래와 같이 'A의 L입력'은
'$\overline{A}$의 H입력'으로 표현하면 돼.

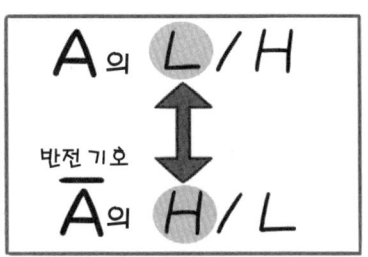

으음. A씨가 일식 L을 선택한 경우에는 '$\overline{A}$의 H입력' 이 되는 거네요. 그러니까 'NOT
게이트를 사용하면 된다는 거군요. 이제 이해됐어요!

> **STEP 3** 입력이 L레벨인 경우에는, NOT 게이트를 사용한 곳으로부터, 그렇지 않은 경우(입력이 H레벨인 경우)에는 본래 자리에서 선을 끌어온다. 그렇게 하여 AND에 입력한다.

그럼 이번에는 이 골조를 사용해 모든 패턴을 표현해보자. 입력이 **L레벨**의 경우, NOT
게이트를 사용한 곳으로부터, 입력이 **H레벨**의 경우, 본래선을 끌어온다. 그리고 AND에
입력한다!

그러니까 으음~ 예를 들어 ①의 패턴은, 'A씨와 B씨가 양식 H를, C씨가 일식 L을 선택했을 때'이니까 A와 B는 본래선에서 끌어오고, C만 NOT 게이트를 사용한 곳(반전 기호)에서 끌어옵니다. 그리고 정리해서 AND에 입력하는 거죠.

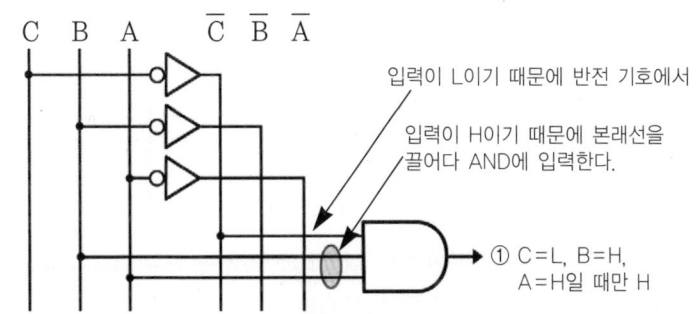

이것을 ①~④까지 해보면 다음과 같습니다.

제3장 조합회로를 만들자

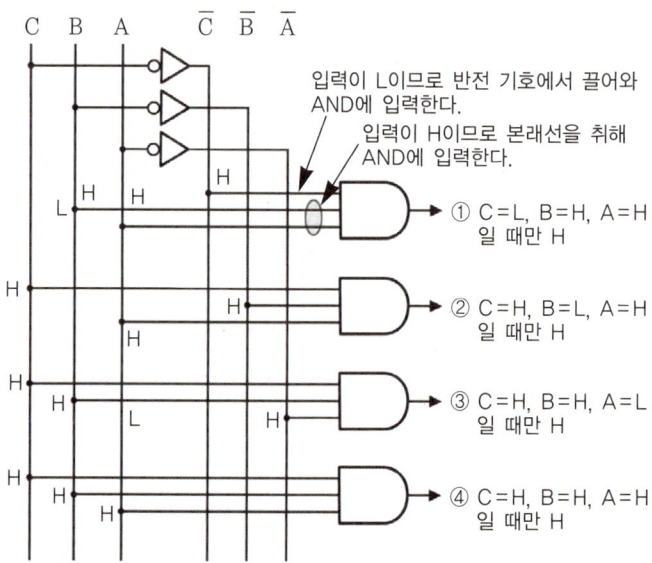

| STEP 4 | AND의 출력을 모두 OR의 입력에 넣는다.
이것으로 완성! |

이제 남은 건 마무리! 이렇게 해서 AND 4개가 완성되었어. '양식 H를 선택할지 말지' 최종적인 결과를 내기 위해서는 ①~④의 어느 경우라도 상관없잖아?
그러니까 이 4개의 AND 출력 전부를 OR의 입력에 넣기만 하면 돼.

바로, 이런 거네요. 제가 정리해 볼게요. 얍!

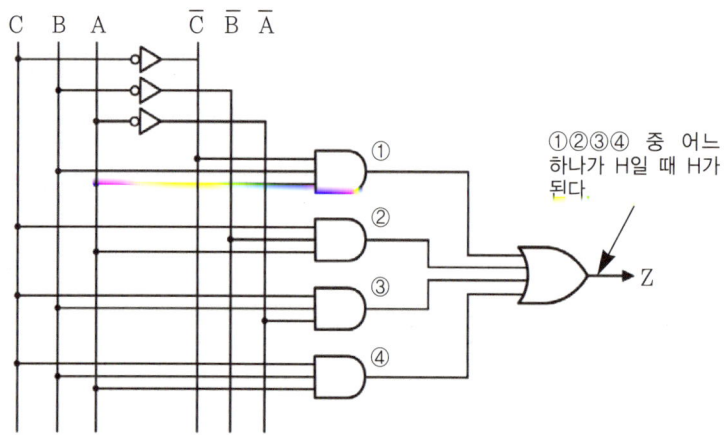

수고했어! 이것으로 완성이야. 이게 바로 '진리표'를 있는 그대로 회로로 변환하는 방법이야. **'가법 표준형 설계법'**이라고 하지.
이것을 이해하면 어떤 조합 회로도 설계할 수 있어.

응?

저기, 선배님!

저, 저요. 정식 채용되도록 뭐든 열심히 해 볼거예요!

이렇게 친절하게 가르쳐 주시는 형준 선배를 돕고 싶기도 하고….

앗 아니! 순수한 마음으로 이 가게에 도움이 되고 싶어요.

솟아넘치는 의욕이라고나 할까, 과로사한다면 이 곳에서 분해한 전자제품에 둘러싸여 죽을 거예요. 저, 저기……

뭐……. 이제 곧 봄인데, 그렇게까지 고민하지 않아도 쉽게 채용될 거라고 생각해.

봄이 되면 말이야.

아, 알겠습니다. 봄에는 신입생·신입사원의 계절이니까 이런 재활용품점도 바빠지겠지요!

천객만래(千客萬來)! 장사번창!

으응……. 그래, 그럴 거야……

Column — CMOS란?

CMOS(Complementary Metal Oxide Semiconductor) 디지털 IC는, 우리 주변의 거의 모든 전자제품에 사용되고 있다.

컴퓨터, 게임, 스마트폰, 디지털 TV, 디지털 카메라, 비디오, 프린터기, 음악 플레이어를 비롯한 이른바 IT 제품의 심장부는 CMOS의 디지털 IC로 되어 있다. 뿐만 아니라 에어컨이나 전자레인지 등의 가전제품에도, 최근에 생산되는 차 안에도 실로 많은 CMOS 디지털 IC가 사용되고 있다.

다양한 전제제품에 CMOS가···

휴대용 음악 플레이어를 예로 들어 보자. 음의 형태로 이어폰을 울리는 최종단계에는 아날로그 회로가 사용된다. 그리고 음악을 기억하는 메모리 회로(기억소자) 부분은 CMOS와는 다른 디지털 IC가 사용된다.

그러나 그 이외 부분, 즉 음악을 관리하거나 음악 정보를 압축하여 메모리에 저장하거나, 메모리로부터 불러와 음악 형태로 변환할 경우 모두 CMOS 디지털 IC가 사용된다. 작은 것뿐만 아니라, 거대한 슈퍼 컴퓨터나 클라우드 컴퓨팅에서 사용되는 서버도 모두 CMOS이다.

최근에는 전력을 대량 소비하고 발열량이 큰 고속 IC와 그다지 빠르지는 않지만 전력 소모가 적은 것, 신뢰성이 우수한 것, 저렴한 것 등 다양한 디지털 IC가 있는데, 그 대부분이 CMOS 회로이다. 이미지 센서의 일종을 CMOS라고 하는데, 이것도 CMOS 회로를 사용하는 데서 유래되었다.

CMOS는 **nMOS-FET**와 **pMOS-FET**라는 두 종류의 트랜지스터를 조합하여 만든다. MOS-FET는 트랜지스터의 일종이지만, 아날로그 회로에서 사용하는 트랜지스터와는 달리 스위치에 가까운 동작을 한다.

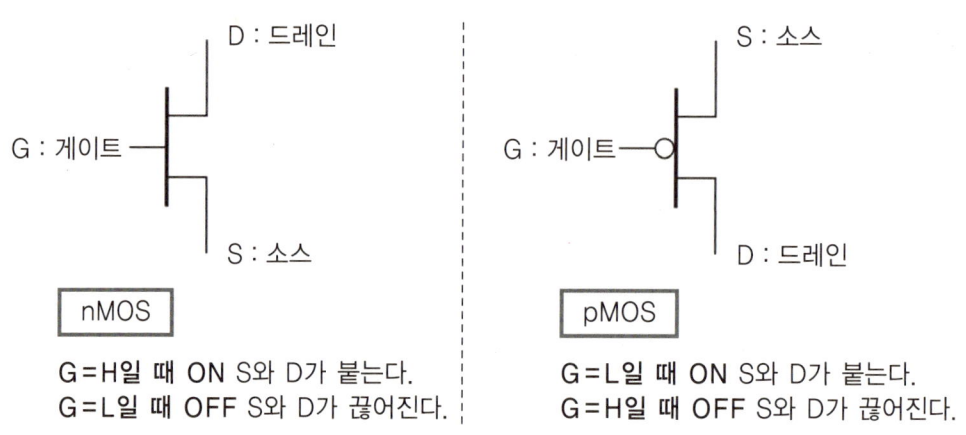

그림 1 nMOS와 pMOS의 약식기호와 동작

그림 1은 nMOS와 pMOS를 나타내는 기호이다. 게이트(G), 소스(S), 드레인(D)의 세 단자를 갖추고 있어, **G의 전압으로 S와 D사이의 ON/OFF를 제어**한다.

전원레벨을 H(하이레벨)로 하고, 그라운드레벨을 L(로우레벨)로 하면 nMOS는 G=H로, S와 D가 ON이 되고, G=L이 되어 OFF가 된다. ON이 되면 달라붙는 상태이고, OFF는 끊어져 있는 상태라고 생각하면 된다.

pMOS는 반대로 G=L일 때 S와 D가 ON이 되고, G=H일 때 OFF가 된다.

nMOS와 pMOS라고 하는 동작이 정반대인 트랜지스터를 사용해 구성하는 회로를 [Complementary(상호보완적) MOS]라고 한다. 여기서는 CMOS의 대표적인 회로구성을 소개한다. 이 회로구성에서는 nMOS와 pMOS 게이트의 짝을 만들어 한쪽이 ON일 때는 다른 한쪽이 OFF가 되도록 한다. 그리고 nMOS를 직렬로 접속할 때는 pMOS를 병렬로, nMOS를 병렬로 연결할 때는 pMOS를 직렬로 접속한다.

다음 페이지의 그림 2를 보자. 이 예에서는 nMOS 2개가 직렬 (Qn1과 Qn2)로, pMOS 2개가 병렬(Qn1과 Qn2)로 이어져 있다. 그리고 입력 A와 입력 B가 nMOS와 pMOS에 각각 1개씩 접속되어 있다. 가운데의 Z가 출력이다.

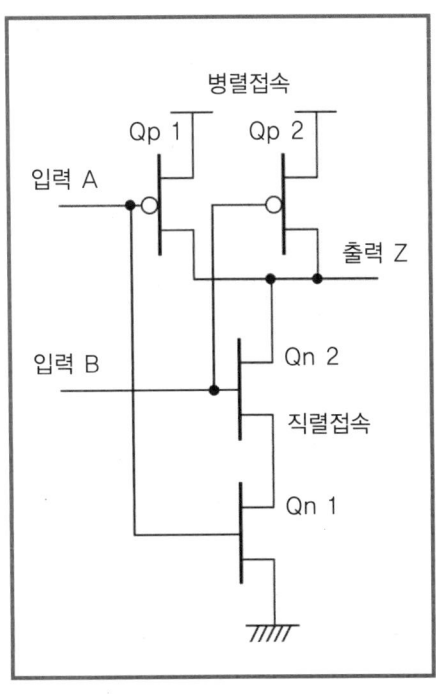 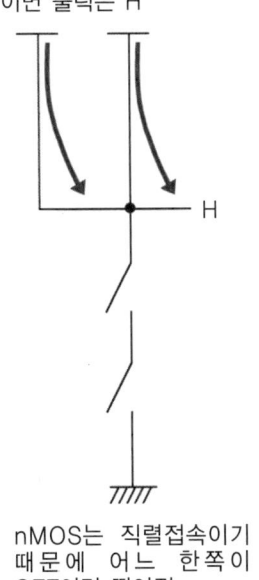 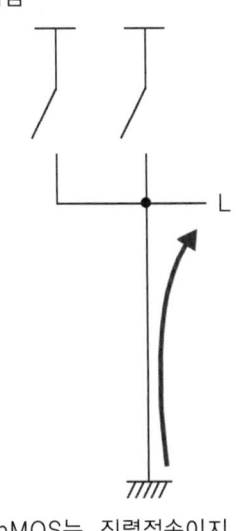

그림 2 CMOS의 NAND 게이트

A와 B중 어느 한쪽이나 혹은 양쪽 모두 L이면, pMOS가 ON이 되어 Z는 위쪽 전원에 붙게 된다. 이 때 직렬접속의 nMOS는 한쪽 또는 양쪽 모두 OFF이기 때문에 끊어져 있다. 즉 **H가 출력**된다.

A, B가 양쪽 모두 H일 때만 nMOS는 전부 ON, pMOS는 양쪽 모두 OFF가 되고, Z는 그라운드 레벨에 붙는다. 즉 **L이 출력**되는 것이다. 이것은 이번 장에서 배운 NAND의 논리게이트에 해당한다. **직병렬의 조합을 변화시킴으로써 다양한 기능의 논리 회로를 만들 수 있다.**

CMOS는 직병렬의 조합으로 체계적인 논리회로를 구성할 수 있는데, 회로 중 어딘가는 반드시 단절되어 있기 때문에 소비전류가 적은 이점이 있다. 두 종류의 트랜지스터를 필요로 하기 때문에 pMOS나 nMOS 한 종류만을 사용한 IC에 비해 발달이 지연되다가 70년대 후반부터 반도체 미세가공기술의 발달과 함께 비약적으로 보급되었다.

한때는 연간 1.5배의 속도로 집적도가 올라갔는데(이것을 무어의 법칙이라고 부름), 이와 함께 동작속도, 소비전력도 개선되었다. 현재, 다소 속도가 떨어져 CMOS도 한계에 이르렀다고 하지만 진보는 계속되고 있다.

Column — MOS-FET의 동작원리

CMOS의 C는 Complementary(상호 보완적)의 약어이다. 그럼, MOS-FET(Metal Oxide Semiconductor Field Effect Transistor)란 무엇일까?

그림 3은 nMOS-FET의 단면도이다. 반도체에는 n형과 p형이 있다.

n형에는 마이너스 전하를 가진 전자가 포함되어 있고, p형은 플러스의 전하를 가진 홀(정공)을 다수 갖고 있다. nMOS는 기판 부분(서브스트레이트라고 한다)이 p형으로 되어 있다. 즉 홀이 다수 존재한다. 여기는 그라운드레벨(0V)에 연결해 둔다. 이 안에 두 개의 독립된 n형의 영역을 만들고, 전극을 부착해 S(소스)와 D(드레인)로 한다.

그런데 이 S와 D 사이의 짧은 틈 위에 실리콘으로 도체(폴리실리콘이라고도 하며, 금속으로 취급된다)를 만든다. 이것을 G(게이트)라고 한다. 게이트 아래에는 매우 얇은 절연막(이산화실리콘)을 깔아두고, 아래와 절연(전기의 흐름을 막는 것)시켜 둔다. 여기서 S를 그라운드(0V)에 연결하고, 저항을 사이에 두고 D를 전원에 연결한다.

그러나 G의 전위가 0V일 때, S와 D는 P형의 기판에 차단되어 전류가 흐르지 않는다. 이것이 그림 3의 상태로 S와 D가 끊어져 있는 = OFF 상태이다.

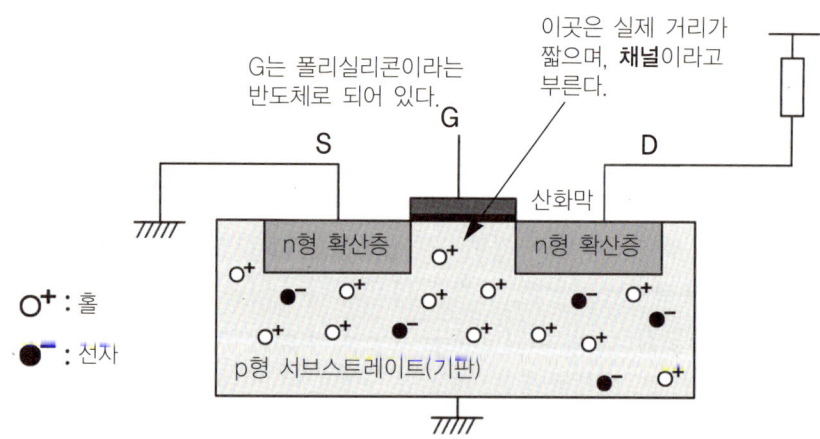

- G는 산화막의 절연체로, p형 서브스트레이트와는 절연되어 있다.
- S와 D는 p형 서브스트레이트에 의해 절연되어 있다. → OFF
- p형은 홀이 가득하다. 그러나 이 p형 서브스트레이트에는 홀과 결합되어 있지 않은 전자가 약간 있다. 이것이 핵심!

그림 3 nMOS 트렌지스터의 구조(OFF 상태)

그럼 다음으로 아래 그림 4를 보자. G에 하이레벨(전원에 가까운 높은 전압)을 가하면 이상한 일이 벌어진다.

사실 p형의 기판에는 세공이 되어 있다. p형은 홀이 많은데, 약간의 전자가 남도록 불순물 처리가 되어 있다. 여기서 G와 그 아래를 차단하는 절연막이 아주 얇기 때문에 마이너스 전하를 가진 전자는 G 플러스 전기장에 끌려 바로 아래로 모여든다.

그러면 S와 D간의 극히 좁은 영역(채널이라고 한다)에만 **전자가 모여 n형으로 특성이 반전**되어 버린다. 이것을 **반전층**이라고 한다.

이렇게 되면 S와 D는 반전층을 사이에 두고 달라붙게 되어 전류가 흐르게 된다. 이것이 **ON의 상태**이다.

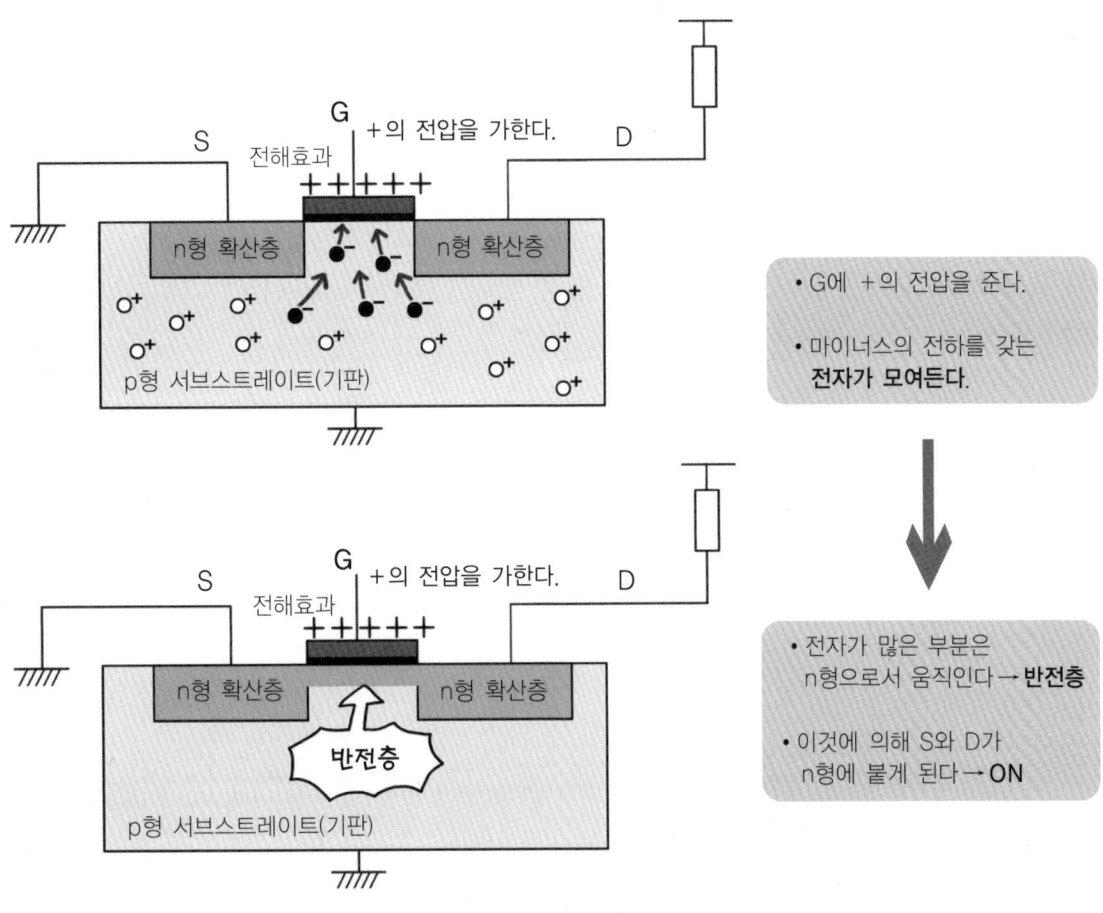

그림 4 nMOS 트렌지스터의 구조(ON 상태)

이와 같이 게이트 아래의 전기장에서 **S와 D의 ON/OFF를 제어**하기 때문에 FET(Field Effect Transistor : 전계효과 트랜지스터)라고 불린다.

특히, 일종의 금속(Metal)인 폴리 실리콘, 이산화실리콘(Oxide)의 절연막, 반도체인 실리콘(Semi-conductor)으로 되어 있기 때문에 MOS-FET라고 불린다.

pMOS의 동작원리는 전부 동일하며, n형과 p형을 뒤바꿔 기판을 전원에 연결하면 G=0V로 ON이 되고, G=전원전압으로 OFF가 되도록 할 수 있다.

MOS-FET는 작게 만들면 만들수록 고품질을 갖게 되는 특징이 있다.

먼저 작게 만들면, 채널이 짧아져 S와 D의 거리가 짧아지기 때문에 동작의 고속화가 가능해진다. 또한, 작은 전압으로 채널에 반전층을 만들 수 있기 때문에 전원전압을 내릴 수 있다. 소비전력은 전원전압의 2승에 비례하기 때문에 전압이 내려가면 전력도 감소한다. 물론 작게 만들면 많은 트랜지스터를 IC칩 위에 집적할 수가 있다. 즉, 성능, 소비전력, 집적도가 모두 향상된다.

이것을 **반도체 스케일링 규칙**이라고 한다.

미세가공의 최소 단위를 **프로세스 사이즈**라고 하며, 가공기술의 진행 척도로 사용한다. 프로세스 사이즈가 작을수록 우수한 기술로 만든 IC라 할 수 있다. 2013년, 28nm (nm:10의 마이너스 9승 m)이 최신공정 기술로 사용되고 있다.

제3장 용어해설

- **다수결 회로** : 입력된 레벨 중 수가 많은 쪽을 출력하는 회로로, 본문에서 소개한 것은 3개의 입력정보를 처리해 내는 다수결 회로이다. 같은 회로를 3개 만들어 각각의 출력을 다수결 회로에 입력하면, 1개의 회로가 고장나 잘못된 결과를 내더라도 나머지 2개가 바르면 최종적으로 바른 결과를 얻을 수 있다. 이런 고신뢰성 회로는 삼중화(Triple Modular Redundant : TMR) 시스템이라고 한다.

- **진리표** : 논리회로에 대한 모든 입출력 결과를 나타내는 표로, 조합회로의 기능을 표현하는 가장 기본적인 방법이다. 입력 수가 많으면 행의 수가 많아져 읽기 어려운 것이 단점이다.

- **조합회로** : 현재의 입력값에 따라 출력이 결정되는 디지털 회로이다. 이에 반해 현재의 입력값과 이전 출력 상태에 따라 출력값이 정해지는 회로를 순서회로라고 한다. 본서에서는 제3장과 제4장에서 조합회로를, 제5장에서는 순서회로를 소개한다.

- **MIL 기호법** : 논리회로의 회로도를 그릴 때 사용하는 기호로, 미군의 규격(Military Standard)에서 파생했다. MIL 논리기호라고도 한다.

- **기본 게이트** : 논리회로에서 흔히 사용하는 기본이 되는 게이트로, 이 책에서는 AND(논리곱), OR(논리합), NOT(반전, 부정), NAND, NOR을 소개하고 있다. 여기에 Exclusive-OR(배타적 논리합)을 포함시키는 경우도 있다.

- **드모르간의 법칙(정리)** : 입출력하는 엑티브 L과 엑티브 H, 올과 이그지스트를 입력해 바꾸어 입력하면 원래와 같이 된다. 불식으로 기록하면 $\overline{A \cdot B}\ \overline{A}+\overline{B}$ 혹은 $\overline{A+B} = \overline{A} \cdot \overline{B}$이다.

- **가법표준형** : 입력기호 또는 그 부정형을 AND로 하고, 이것을 마지막으로 OR에 입력해 만드는 회로에 대한 논리식을 가리킨다. 본문 중에 나타낸 다수결 회로의 가법표준형은 $\overline{A} \cdot B \cdot C + A \cdot \overline{B} \cdot C + A \cdot B \cdot \overline{C} + A \cdot B \cdot C$가 된다.
이에 반해 맨 처음에 OR에 입력해 만든 기호를 AND에 입력하는 회로에 대한 식을 승법표준형이라고 한다. 본서에서는 가법표준형만을 이용하지만, 이 두 가지 표준형을 드모르간의 법칙을 이용해 간단하게 변환할 수 있다.

제4장
회로의 간략화

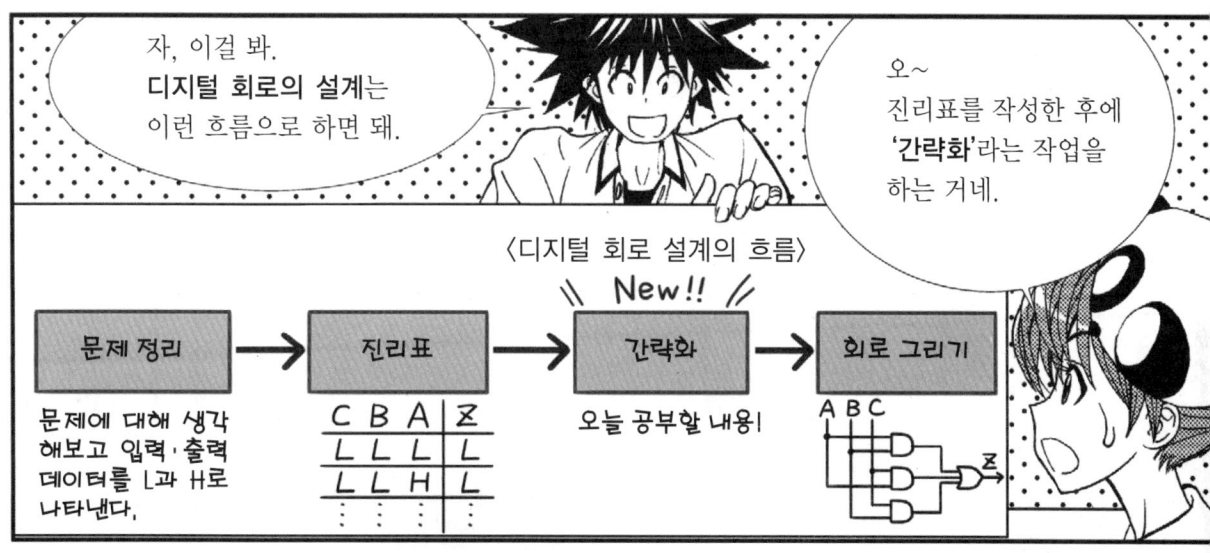

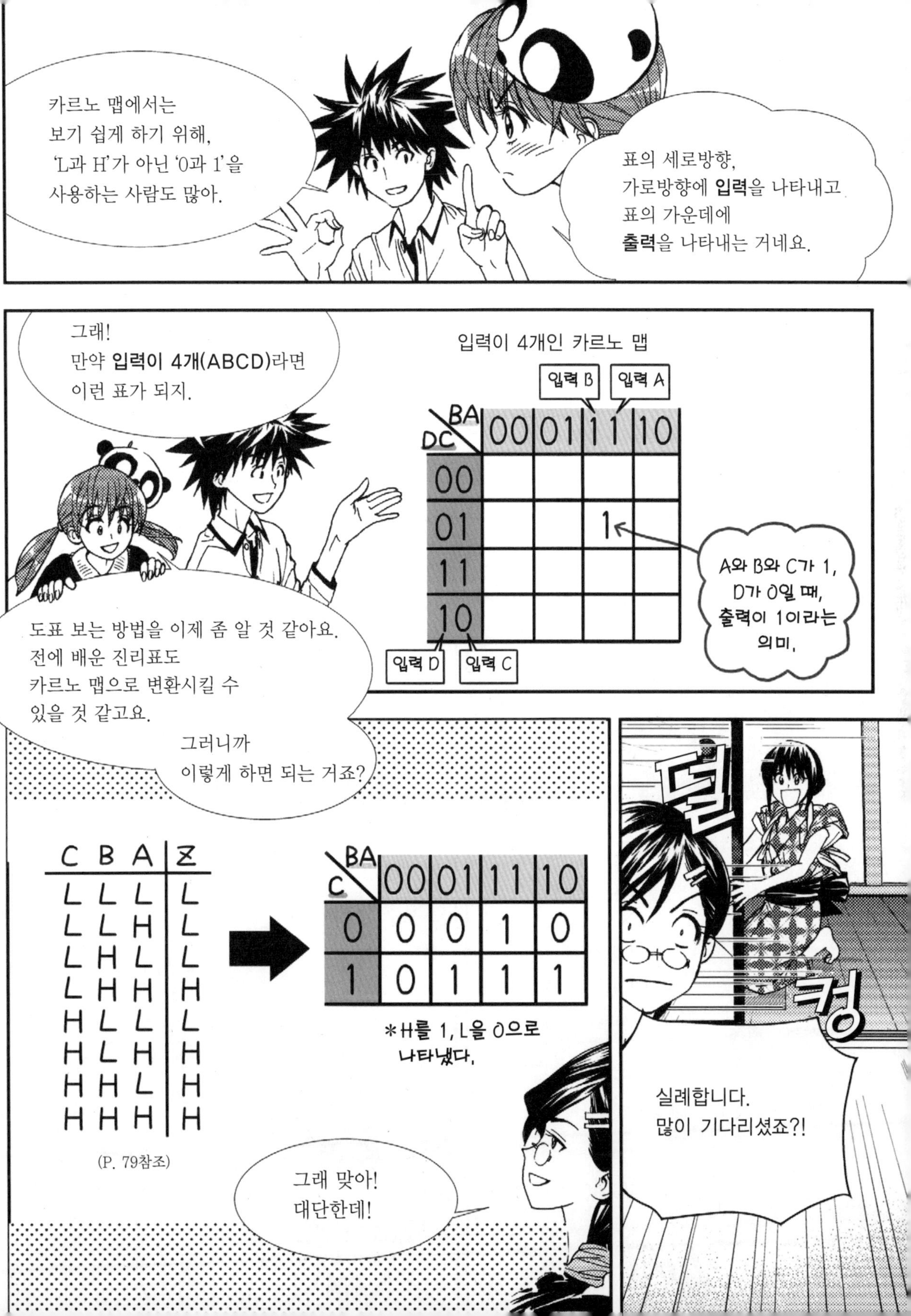

1의 그룹을 정리하자

그럼 카르노 맵을 사용해 간략화하는 순서부터 알아보자.
중요한 건 '1의 그룹'을 정리하는 거야!

정리한다……는 건?

예를 들면, 방금 그린 그림(p.99 참조) 1을 봐.
카르노 맵에 1이 나란히 있으면, 그 1은 '그룹'으로 취급할 수 있어. 간략화는 바로 이런 식으로 하는 거야.

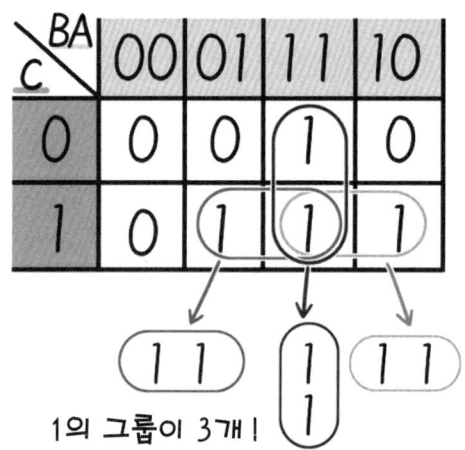

1의 그룹이 3개!

음~ 이 경우에는, 그룹이 3개라는 거죠?

그래! 그리고 각각의 그룹에,
AND 게이트를 한 개씩만 할당하면 되는 거야!! 엄청 편리하겠지?

……. 글쎄요.

아, 편리함을 이해하지 못한 것 같은데…
지혜, 이전에 내가 알려준 방법을 생각해 봐. 그 방법으로 하면 1의 숫자만큼 AND 게이트가 필요하잖아.

아, 그렇군요! 이제야 알 것 같아요.
그룹으로 묶으면 게이트 수가 줄어 회로가 심플해지겠네요. 함께 온 손님을 방 하나에 들어가게 하는 것처럼!

그래 맞아. 그럼, 더 자세히 설명해 볼까.
예를 들면, 아래와 같은 표가 있는데 하나의 그룹으로 만들려고 한다 치자.

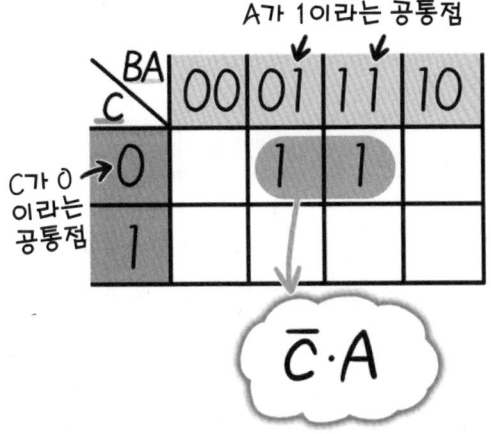

이 그룹에는 'A가 1'이라고 하는 공통점, 'C가 0'이라고 하는 공통점이 있잖아.
그러니까 이 그룹은 '$\bar{C} \cdot A$'로 **나타낼 수 있는 거지**.

아!
'0(L)이니까, **반전 기호로 표현**'한 거고요.

 다른 예도 소개해 볼까.
아래와 같은 경우, 지정된 그룹에는 'B가 0'이라고 하는 공통점이 있어.
그러니까……

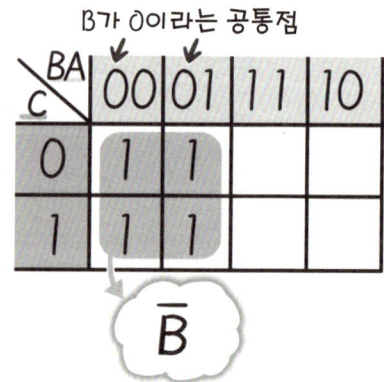

 이 그룹은 '$\bar{B}$'로 나타내면 되겠네요.

 그렇지, 바로 그거야. 그럼 다수결 회로의 카르노 맵으로 돌아가 보자(p.102참조).
이 세 그룹은 어떻게 나타낼 수 있을까?

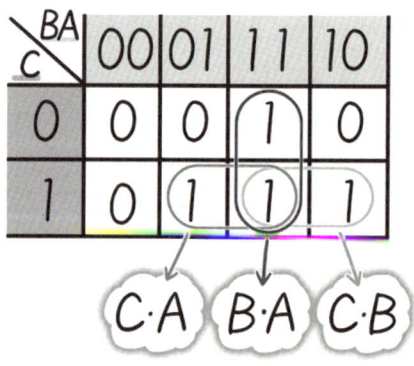

 음~ 잘 생각해 보면 알 수 있을 것 같아요.
'C·A', 'B·A', 'C·B'지요!

 와, 잘하는데! 자, 여기까지 왔으니까 이젠 회로도 그리는 것만 남았어. 순서는 다음과 같아.

그룹을 정한 뒤, 회로를 그리는 순서

- 먼저, 일전에 배웠던 골조(P.80)를 만들어 둔다.

- 그리고 그룹1에 대해, 하나의 AND를 준비한다.
  반전기호는 '입력에 NOT 게이트를 사용한 선'에서, 그렇지 않으면 보통 '입력의 선'에서 끌어온다.

- 마지막으로, 모든 AND의 출력을 OR에 입력한다.

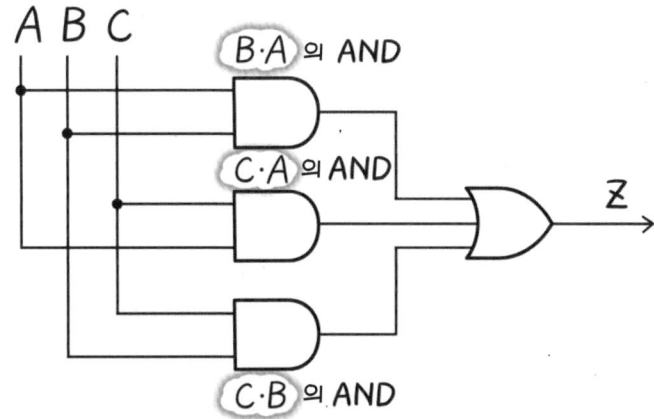

간략화한 다수결 디지털 회로

 완성!! 이번에는 반전기호가 없었네요.
이거, 맨 처음에 점장님이 그린 회로도와 같은 거잖아요(p.96참조).

 맞아.
직감에 의존하지 않아도 카르노맵으로 간략화할 수 있어.

 으응. 카르노 맵이라는 거 정말 편리하지. 지점을 운영하는 일도 직감에 의존하지 않고 할 수 있으면 좋을텐데 말이야……. 후~.

 이제까지 감으로 운영했다는 건가……!!

제4장 회로의 간략화

그룹을 만들 때 주의할 점

 으~음, 저 잠깐 궁금한 게 있는데요….

 응!? 내 경영능력을 알고 싶은 거야? 아니면 나의 연애관이 궁금한 거야?

 점장님 취하셨나 봐요! 방금 전에 말씀하신 '그룹'에 관한 이야기인데요….
방금 전 그 표 말인데요. 옆으로 나란히 있는 세 개를 그룹으로 정리하면 편하지 않을까요?

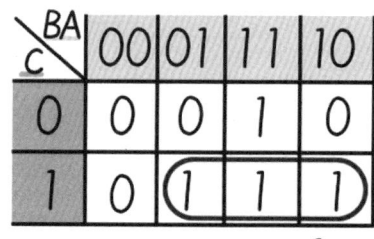

 3정렬!

 아, 그건 절대 안돼!!
사실 카르노 맵을 사용해 간략화하는 데는 이런 원칙이 있어.

카르노 맵을 사용한 간략화의 원칙

★ 그룹형은 종횡 1, 2, 4의 직사각형(정사각형)에 한정한다.
★ 그룹은 서로 중복되어도 좋다.
★ 그룹의 수는 적게, 크기는 크게한다.

 아. 그렇군요. 3개를 그룹으로 만들면 안된다는 거죠.
뭔가 알 것 같아요.
여자 3명이 함께 여행을 가면 사이가 나빠질 수 있는 것처럼. 호호호……

 뭐야, 그 마음은……!

 이미 다 먹었지만 말린 전갱이를 떠올려 봐.
만약, 이런 표가 있다면 **상·하, 좌·우**로 그룹을 만들 수 있어.

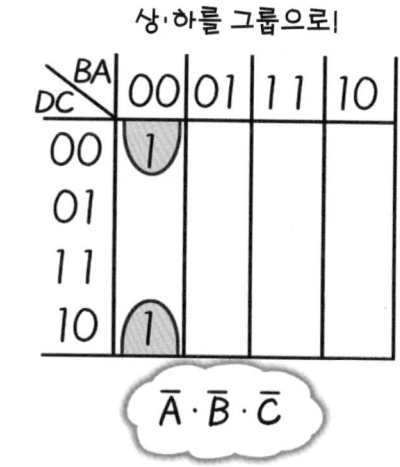

 아, 역시!
그러니까 '이어져 있다'는 걸 염두에 두라는 거군요. 말린 전갱이를 걸고 맹세컨대 확실히 외워 두겠습니다.

 그리고 도저히 '그룹화가 불가능한' 카르노 맵일 때는 '이것 이상 간략화는 불가능'해. 이것도 기억해 둬.

제4장 회로의 간략화 **107**

▶ 중식을 추가하면? 인원이 늘어나면?

이것으로 '3명이 일식과 양식 중 하나를 선택하는' 다수결회로가 완성되었어.
그럼, 여기에 **중식**을 추가해 보기로 하자.
3명이 '일식, 양식, 중식' 중 하나를 선택하는 거야. 어떻게 해야 좋을까~♪

우후! 만두, 마파두부, 사천탕면……. 아, 양장피, 팔보채…….

우와 지혜가 현실도피하고 있네!
뭐, '일식이나 양식' 중 한가지 선택이면 'L과 H'로 나타내니까.
디지털 회로에 가장 적합하지.

그런데 세 개 중에 하나를 선택할 때도 좋은 방법이 있어.
두 개의 신호를 사용하면 그 조합을 표현할 수 있거든.
예를 들면, 일식＝LL, 양식＝LH, 중식＝HL이라고 하면 돼.

그렇네! 입력 신호선은 2개×3인분＝6개, 출력 신호선도 2개가 되니까!
이런 이미지가 되겠네.

그렇구나. 정말 'L과 H만으로, 3개의 선택지(일식, 양식, 중식)를 표현할 수 있을 것 같아요.

이런 방법을 '**코드화**'라고 해. 그리고 이 나눔의 비율로 진리표를 그리면 아래의 표가 돼. 짜잔!

C_2C_1	B_2B_1	A_2A_1	Z_2Z_1
L L	L L	L L	L L
L L	L L	L H	L L	← A씨가 양식을 선택했지만
L L	L H	L L	L L	나머지 2명이 일식이기 때문에
L L	L H	L H	L H
L H	L L	L L	L L
L H	L L	L H	L H
L H	L H	L L	L H
L H	L H	L H	L H
L L	L L	H L	L L
L L	H L	L L	L L
L L	H L	H L	H L
H L	L L	L L	L L
H L	L L	H L	H L
H L	H L	L L	H L
H L	H L	H L	H L
L H	L H	H L	L H
L H	H L	L H	L H
L H	H L	H L	L H
H L	L H	L H	H L
H L	L H	H L	H L
H L	H L	L H	H L
L L	L H	H L	H L
L H	L L	H L	H L
H L	L H	L L	L L
L H	H L	L L	L L
H L	L L	L H	L H
L L	H L	L H	L H

!은 모두의 의견이
졌을 때
서는 **A씨를 우선**으로 하
ㅏ.

중식이 포함된 경우의 진리표

우와~!! 입력조합이 늘어나니까 표가 갑자기 커지네요. 신기하다······.

근데, 이런 경우 '세 명의 의견이 다 다르면 어떻게 하지?'라는 문제도 있잖아.
이번 표에서는 A씨의 의견을 우선으로 했는데, 이런 식으로 무언가 규칙을 정해둘 필요가 있는 거야.

그 A씨는 물론 점장이겠죠. 의견이 나뉘면, 점장의 의견대로 정하는 거고요.

그, 그렇긴 하지만.
뭐, 이렇게 겉으로 보기에는 큰 표 같아도 오늘 배운 방법으로 회로로 변환할 수 있어. 이용하는 게이트 수는 훨씬 늘어나지만, 보통 이런 성가신 일은 CAD가 대신 해주니까 걱정할 필요도 없고 말이야.

오오, 여기서도 CAD! 든든한 CAD선생님이라고 부르고 싶어요.

응. 쭉~ 늘어선 표나 큰 회로를 보면 놀랄지도 모르겠지만 체계적인 설계가 가능하니까 크게 신경쓸 필요가 없거든.

그리고 한 가지 더!
우리 3명의 '세 가지 입력'만을 생각했는데 **사람 수가 더 늘어나면 어떨까?** 카르노 맵을 사용할 수 있다고 생각해?

음~~ 4개를 입력(ABCD)하는 경우라면 방금 카르노 맵에서 보았지만, 그 이상은 어떻게 될까요?

으응, 카르노 맵은 4개의 입력까지는 2차원으로 충분해. 하지만 5개 이상의 입력은 3차원화해야 할 필요가 있어. 입력수가 6개를 초과하면 간략화해서 사용하기는 어렵고 ······.

그렇지. 하지만 이것도 그렇게 걱정하지 않아도 돼. 요즘에는 이 최적화를 사람이 하지 않아도 모든 것을 CAD선생님이 해 주거든.
문제는 CAD에 맡기면 되니까, 우리들은 기본만 제대로 배워두면 되는 거야.

2. 돈트 케어(don't care)

▶ 큰 달을 판별하기 위해서는

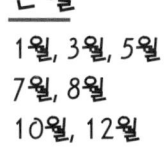

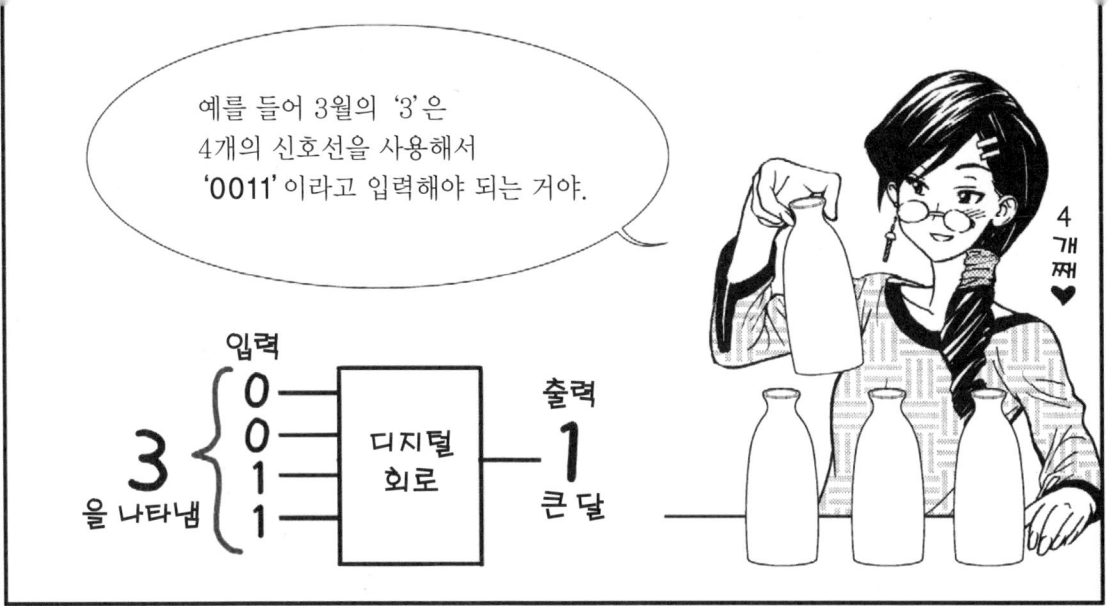

10진수와 2진수

자, 여기서는 10진수와 2진수에 대해 이야기해 볼게.
우리들 인간은 10개의 손가락을 사용해서 수를 세거나 계산을 하지.
1, 2, 3, 이렇게….

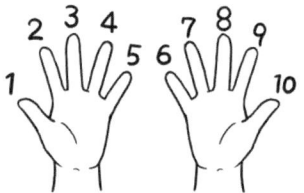

'9'까지 오면 그 다음은 자릿수가 올라가서 '10'이 되는데, 이것을 10진법이라 하지. 그리고 10진법에 의해 표현되는 것이 10진수이고. 우리가 일상생활 속에서 사용하고 있는 건 이 10진수지.

근데, 컴퓨터나 디지털 회로에서는 수가 0과 1밖에 없어서(수가 2종류 밖에 없다) 2진법을 사용하고 있어. 2진법에 의해 표현되는 수, 2진수에서는 아래 표에서 보는 것처럼 자꾸 **자릿수가 올라가지.**

〈10진법과 2진법의 비교〉

10진수	2진수		10진수	2진수
0	0		11	1011
1	1		12	1100
2	10		13	1101
3	11		14	1110
4	100		15	1111
5	101		16	10000
6	110		17	10001
7	111		…	…
8	1000			
9	1001			
10	1010			

우와…! 점점 자릿수가 늘어나고 있어요!
뭐가 뭔지 정말 복잡하게 느껴져요.

그렇지. 이해하기가 조금 어렵지? 자릿수가 많아지니까…….
하지만, 디지털 회로는 0과1(L과 H)밖에 없는 세계잖아?
그러니까, **디지털 회로에서는 2진법으로 수를 취급할 수밖에 없어.**

그렇구나, 그래서 '3'이라고 입력하지 않고 '11'이라고 입력하는 거네요.
어? 그런데 방금 전에 3월의 3을 '0011'이라고 4자리 숫자로 표현했잖아요?(p.113참조)
어째서 4자릿수가 필요한 거죠?

좋은 질문이야.
사실 디지털 회로에서는 그 입력에 '복수의 신호선'을 이용해.
예를 들어 4개의 신호선이 있으면 0에서 15까지의 숫자를 나타낼 수가 있지.

그래서 '1월부터 12월'의 수를 표현하는 데 4개의 신호선(즉 4자릿수)은 기본이 되는 거야. 조금 어려운가?

후아… 네, 솔직히 말씀드리면 어려워요. 우우우우….
도대체 어떻게 된 거예요?

음, 그러니까 입력에는 '4개의 신호선'이 사용되지.
이 4개에 사실은! 각각 다른 '**무게**'가 따라다니는 셈이야.

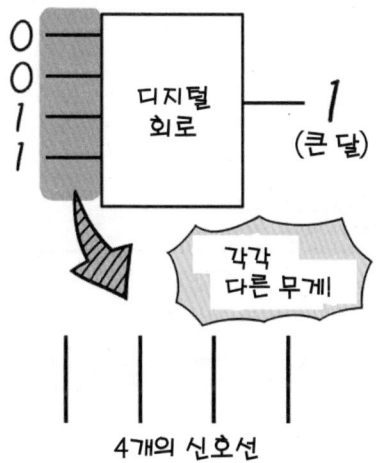

제4장 회로의 간략화   115

여기에 1원짜리, 10원짜리, 100원짜리 동전이 각각 한 개씩 있다고 해보자. 같은 한 개라 해도 각각의 돈의 무게(가치)가 다르지?
이것처럼, 각 **신호선에 다른 무게를 부여**해 두는 거야.

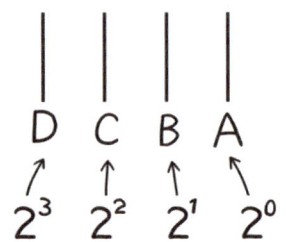

 위 그림처럼, 4개의 선에 DCBA라고 하는 이름을 붙일 때······.
'A에는 2의 0승=1, B에는 2의 1승=2, C에는 2의 2승=4, D에는 2의 3승=8이라는 **무게**를 부여하는 거야.
즉, **A=1의 자리, B=2의 자리, C=4의 자리, D=8의 자리**라고 하는 식으로 말이지.

이때 DCBA 모두 0이라면 합계도 0이 되고, DCBA 모두가 1이라면 8+4+2+1=합계 15가 된다.

 음 간단히 말하자면, 'A가 1원짜리 동전, B가 2원짜리 동전, C가 4원짜리 동전, D가 8원짜리 동전이라는 가치이고, 각각 '있다 (1)'인가, '없다 (0)'인가 하는 식이네요.

	D(2^3)	C(2^2)	B(2^1)	A(2^0)
1 (있다)	8원	4원	2원	1원
0 (없다)				

모두 있으면 15원! 모두 없으면 0원!

 그래. DCBA 각각 0이나 1이니까, 그것을 조합하면 0부터 15까지의 모든 수를 나타낼 수 있다는 거야. 이 **한 자릿수**를 1비트라고 부르지.

 오호~ 뭔지 좀 알 것 같아요. 예를 들어 '3'을 나타낼 때는 D(8의 자리)는 0, C(4의 자리)는 0, B(2의 자리)가 1, A(1의 자리)가 1이죠. 그렇기 때문에 '0011'이 되는 거고요! 맞죠?

 맞아! 바로 그거야! 2진법에 대해서는 이제 빠삭하네.

 응. 그렇지만 역시 2진수란 0과 1의 나열로 보여서 익숙하지 않아요. 어쩔 수 없는 걸까요?

 괜찮아. 2진수와 10진수는 간단히 변환할 수 있으니까. 시험삼아 숫자 '18'을 가지고 시도해 보자.

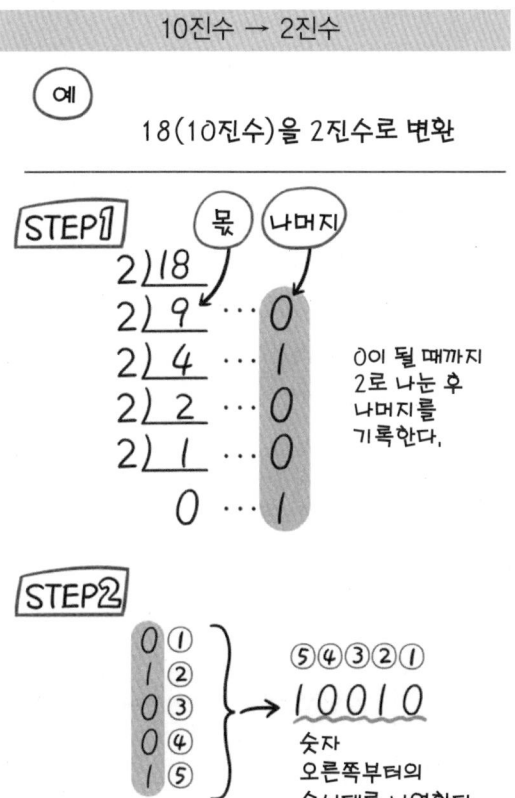

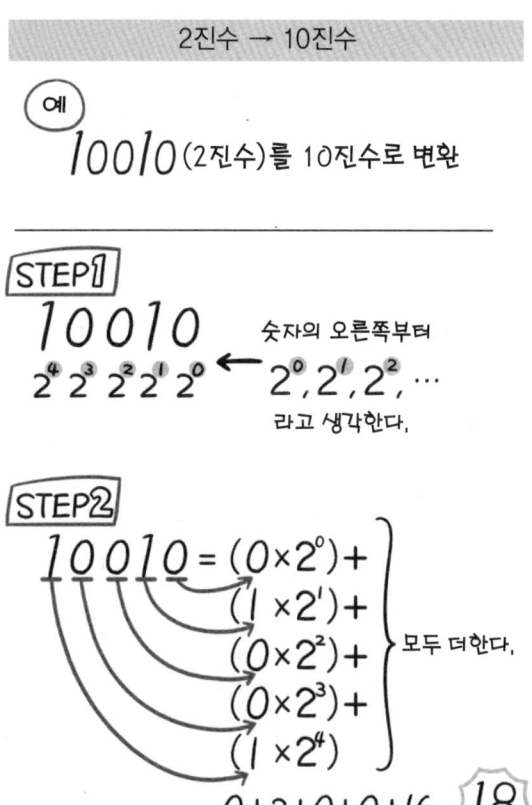

 아, 아주 간단하네요! 침착하게 하면 저도 할 수 있을 것 같아요.

큰 달을 판별하는 회로의 설계

그럼 이제, 회로설계를 시작해 볼까.
1월~12월을 2진수로 표현해 보라고 말하고 싶지만, 우선 **큰 달만**해도 좋으니까 1월, 3월, 5월, 7월, 8월, 10월, 12월을 좀 설계해 봐.

네? 왜 큰 달만해도 괜찮은 거죠?

일식과 양식의 '다수결의 회로'를 만들었을 때를 생각해 봐.
진리표를 그린 후(p.79 참조)나, 카르노 맵을 만들 때(p.98 참조)도 결국 필요한 것은 **'출력이 1(H)가 되는 경우'의 패턴**이었잖아?

이번에는 '큰 달의 여부를 판별하는' 회로이니까 큰 달이 되는 패턴만 알면 회로설계가 가능해.
실제 작업에서는 이렇게 과정을 생략하는 경우도 있지. 익숙해지면 진리표를 그리지 않고도 직접 카르노 맵을 그릴 수도 있으니까.

필요없는 과정은 생략하라는 거네. 에너지 절약! 그러면, 이렇게 되겠다.

```
1  ──→ 0001 (1의 자리가 1)
3  ──→ 0011 (1의 자리, 2의 자리가 1)
5  ──→ 0101 (4의 자리, 1의 자리가 1)
7  ──→ 0111 (4의 자리, 2의 자리, 1의 자리가 1)
8  ──→ 1000 (8의 자리가 1)
10 ──→ 1010 (8의 자리, 2의 자리가 1)
12 ──→ 1100 (8의 자리, 4의 자리가 1)
```

이것들을 **진리표**로 나타내면, 다음과 같이 되지.

	D	C	B	A	Z
1월 →	0	0	0	1	1 (큰 달)
3월 →	0	0	1	1	1
5월 →	0	1	0	1	1
⋮	⋮	⋮	⋮	⋮	⋮

 그렇게 해서, **카르노 맵**으로 나타낸 것이, 이것!
그룹화도 빠르게 해치웠지.
자, 그럼 지혜야, 회로도를 그려봐.

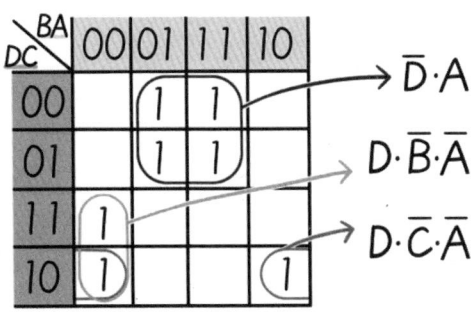

 우후! 일사천리로 진행되는 요리 프로그램 같이 속도감이 있네요. 한 번 배운 거니까 순서대로 잘 따라하면 될 것 같아요.
회로도도 그렸습니다. 짜잔!

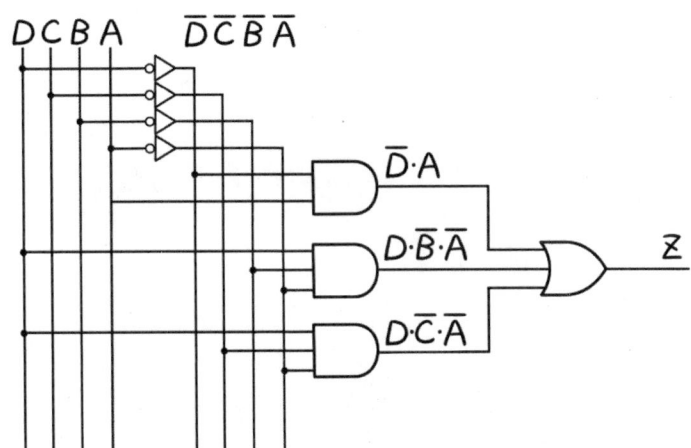

 잘 했어.
완벽…하다고 말해주고 싶지만, 아직 좀 더 이야기해 주고 싶은 게 있네.

 에? 완벽하다고 생각했는데,
잘못한 곳이라도 있나요!? 왠지 좋지 않은 예감이……!

제4장 회로의 간략화 **119**

예를 들면 이것은 **14月 (1110)**

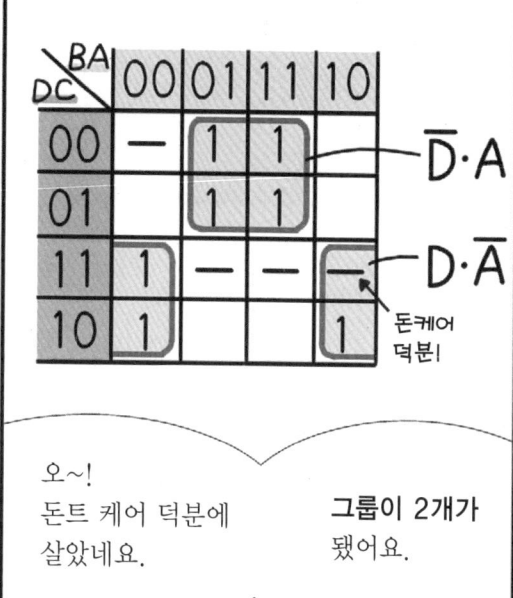

돈케어 덕분!

오~! 돈트 케어 덕분에 살았네요.

그룹이 2개가 됐어요.

그럼 이쯤에서 재미있는 일이 발생하게 돼. 돈트 케어는 '0과 1 어느 쪽도 좋다＝1도 있을 수 있다.'는 의미지. 그렇기 때문에 돈트 케어를 **1로 보면 더욱 큰 그룹이 만들어지는** 거야.

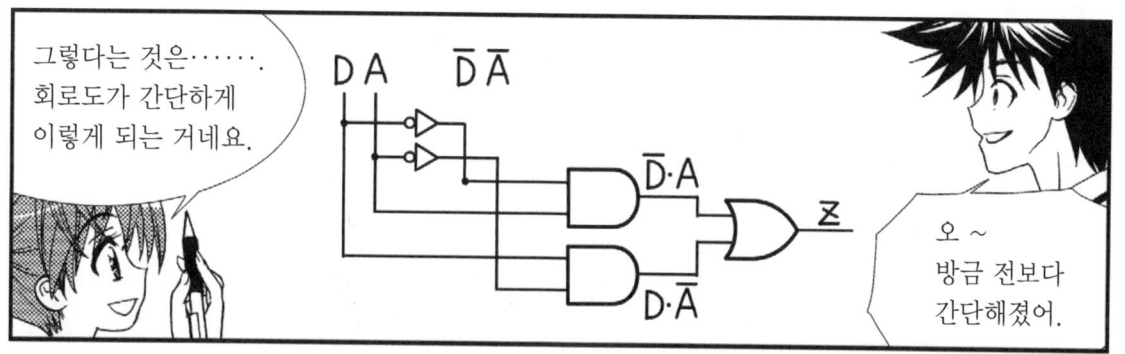

그렇다는 것은……. 회로도가 간단하게 이렇게 되는 거네요.

오~ 방금 전보다 간단해졌어.

돈트 케어는 간략화하는 데 중요한 역할을 하는 구나.

돈트 케어는 도움도 되고 마음도 넓은 것 같아요.

그래……. 나도 돈트 케어의 정신으로 '적자가 나든 흑자가 나든 상관없다.' 고 말하고 싶다.

홧술!??

3. 출력이 복수인 경우는?

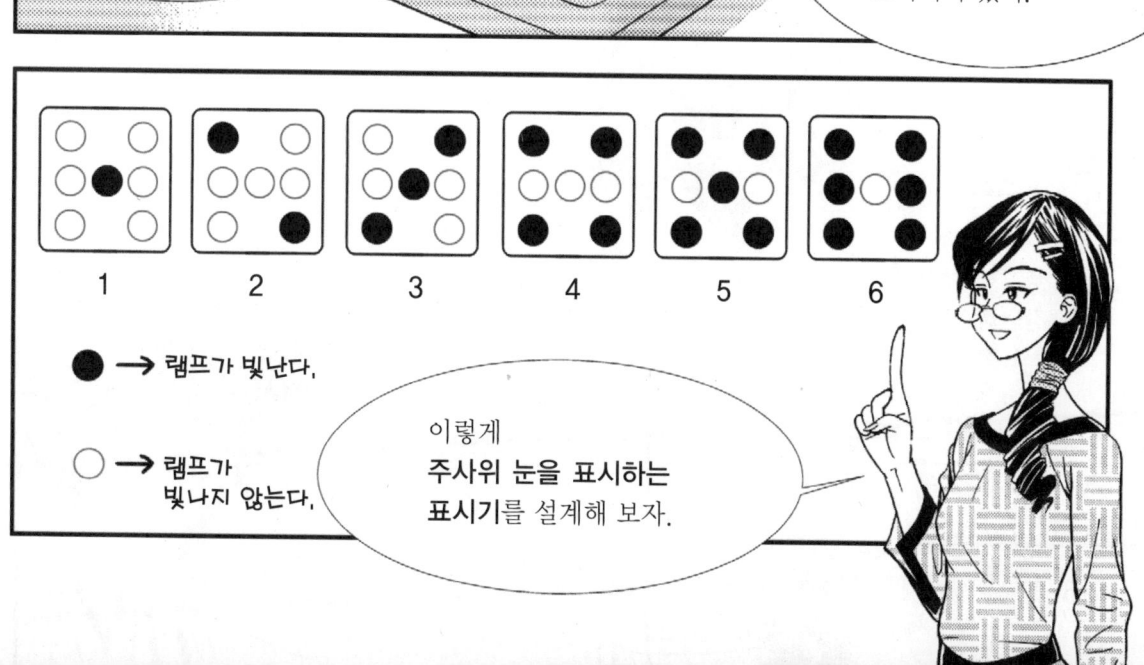

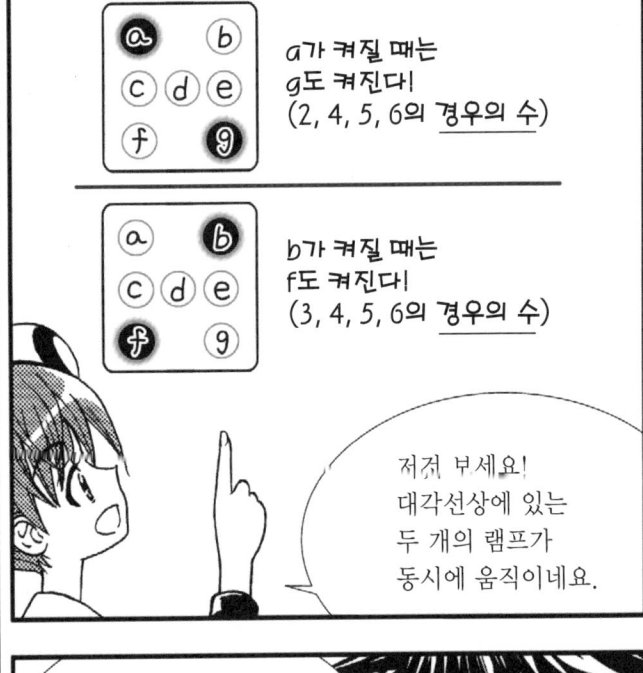

전자주사위 표시기의 회로설계

 그럼, 순서대로 천천히 생각해 볼까.

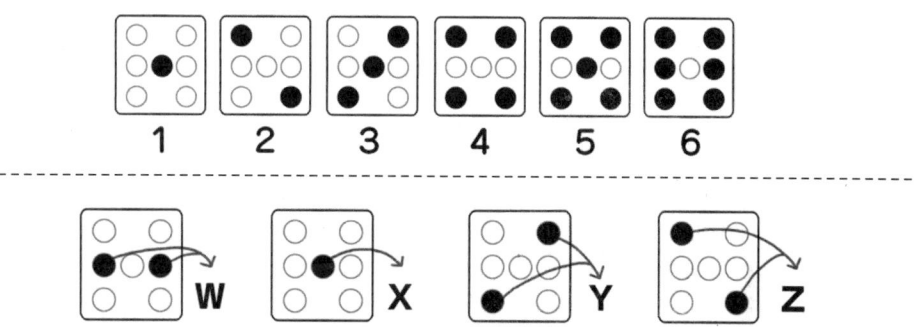

 위 표와 같이 '1~6까지의 눈(경우의 수)'과 '4종류의 램프'를 비교하면서 보면 다음과 같은 점을 알 수 있어.

- ◆ W가 켜질 때(=출력이 1일 때)
  '6'의 눈(경우의 수)

- ◆ X가 켜질 때(=출력이 1일 때)
  '1, 3, 5'의 눈(경우의 수)

- ◆ Y가 켜질 때(=출력이 1일 때)
  '3, 4, 5, 6'의 눈(경우의 수)

- ◆ Z가 켜질 때(=출력이 1일 때)
  '2, 4, 5, 6'의 눈(경우의 수)

제4장 회로의 간략화

으음….
예를 들어 'W 램프'의 진리표는 이렇게 되겠네요.

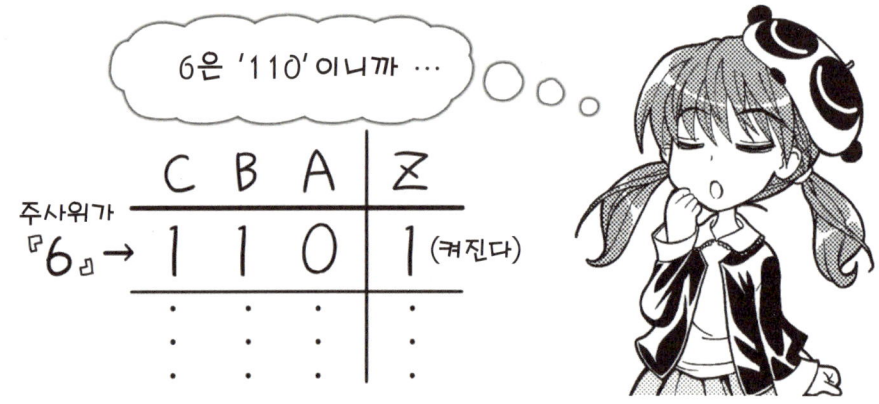

그래. 익숙해지면 직접 카르노 맵도 작성할 수 있을 거야.
근데,
'0(2진수로 000)'과 '7(2진수로 111)'일 경우에는 **돈트케어 −표시**를 넣어.

우우. 그럼 카르노 맵 4장을 작성해 보겠습니다.
음, W·Z·Y·Z의 카르노 맵은 각각 이렇게 되지요!
돈트케어 −표시도 모두 넣었어요.

| W가 켜질 때(출력이 1)는 6(110) | | X가 켜질 때(출력이 1)은 1(001), 3(011), 5(101) |

BA\C	00	01	11	10
0	−			
1			−	1

W의 카르노 맵

BA\C	00	01	11	10
0	−	1	1	
1		1	−	

X의 카르노 맵

Y가 켜질 때(출력이 1)는 3(011), 4(100), 5(101), 6(110)

Z가 켜질 때(출력이 1)는 2(010), 4(100), 5(101), 6(110)

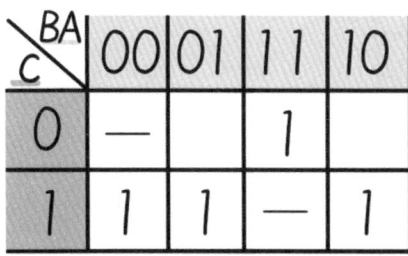

Y의 카르노 맵

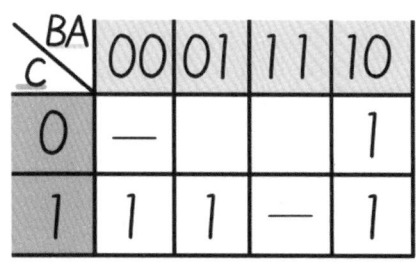

Z의 카르노 맵

바로 그거야! 즉, 그룹화하면 아래의 표과 같이 되는데, 돈트케어를 제대로 이용하는 것이 중요해.

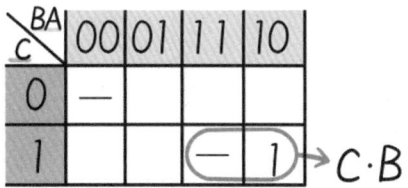

W의 카르노 맵

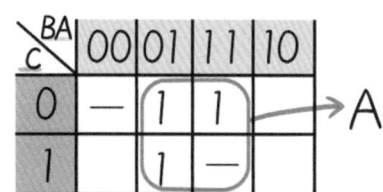

X의 카르노 맵

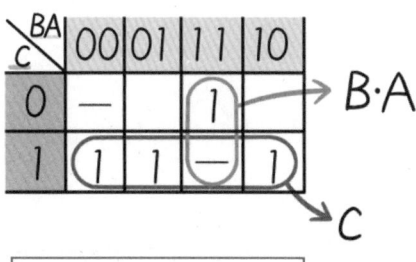

Y의 카르노 맵

Z의 카르노 맵

이제 회로도를 그릴 수 있겠어요.
음~~ 다 됐어요!

제4장 회로의 간략화 **131**

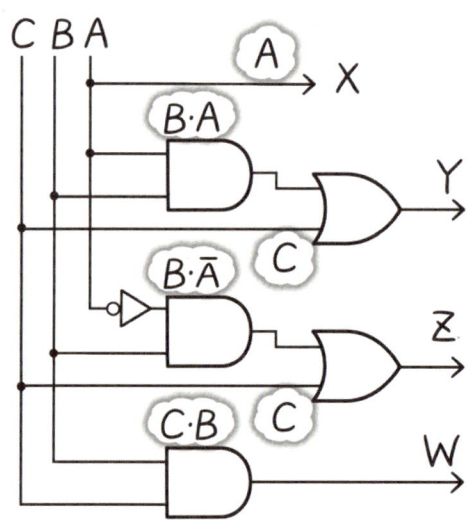

전자주사위 표시기의 회로도

오~케이!
이렇게 램프를 연결하면, 전자주사위 표시기가 완성되는 거야.

와, 감동이에요.
또, 새로운 회로도를 그릴 수 있게 됐어요…….

수고했어!
이보다 더 간단하게 작성할 수는 없지.
맨 처음에 잘 생각해서 **램프의 출력을** 7종류에서 4종류로 **줄였기 때문에** 가능한 거야.

음 진리표 작성 후 간소화 시점에서 생각할 것이 아니라 맨 처음에
'더 간단히 할 수 있는 방법이 있는지, 필요없는 부분이 있는지',
잘 봐야 해.

그렇지. 타협하지 말고 언제나 불필요한 부분을 없애려고 고심하는 것이 중요해.
아아, 인건비도 더 줄일 수는 없을까. 후우…….

그런 발상은 곤란하지요!!

차, 잘 마셨습니다~♪

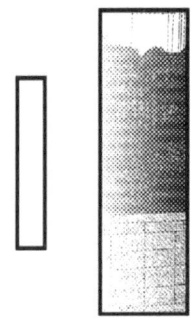

아니, 다른 건 몰라도 졌다는게 좀 분해…!

그래도 너무 즐거웠어요. 다음에 또 셋이서 저녁 먹었으면 좋겠어요.

어, 언젠가는 말하려고 했는데 말이지.

그……

앗, 뭐지? 다음엔 셋이 아닌 둘이서 가자 하려나…

까~!!?

지금, 우리 집에 가지 않을래?

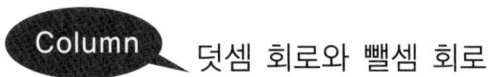 덧셈 회로와 뺄셈 회로

■ 덧셈을 하는 회로는?

제4장에서는 조합회로를 간략화하는 일반적인 방법을 알아보았다.

그러나 2진수의 덧셈, 뺄셈 회로는 전혀 다른 원리로 설계한다. 일반적인 방법으로 설계하면 입력 수가 너무 많아지기 때문이다. 예를 들어 8비트끼리 덧셈을 하려고 하면, 입력은 16비트가 된다. 그렇게 되면 입력 정보의 수는 2의 16승이 되어 65536가지나 되기 때문에 도저히 다룰 수가 없게 되어 버린다.

그러나 이와 같이 입력 정보의 수가 많은 조합회로에는 어떤 규칙성 또는 법칙성이 있게 마련이다. 덧셈 회로의 설계에서는 이 성질을 이용한다.

예를 들어 4비트끼리 덧셈을 사람 손으로는 아래와 같이 한다.

2진수의 4(0100)와 5(0101)의 **가산(덧셈)**을 나타낸 것이다.

```
4+5의 예     100  캐리
             0100 ----→ 4
        +)   0101 ----→ 5
             1001 ----→ 9
```

각각의 자릿수에 주목해 보자.

두 개의 입력 A와 B에 '하위의 자리 올림수'를 더한 합과 '상위의 자리 올림수'를 구할 필요가 있다.

이 진리표는 오른쪽과 같다.

여기서 '하위의 자리 올림수'를 C_{in}, 합(합산한 결과의 수)을 S, '상위의 자리 올림수'를 C_{out}이라고 한다.

	하위의 자리 올림수 입력		상위의 자리 올림수 출력	
A	B	C_{in}	S	C_{out}
0	0	0	0	0
0	0	1	1	0
0	1	0	1	0
0	1	1	0	1
1	0	0	1	0
1	0	1	0	1
1	1	0	0	1
1	1	1	1	1

여기서 Cout란, 2개 이상 1이 있으면 1이 되기 때문에 이미 공부한 다수결회로가 된 것을 알 수 있다. 합은 아쉽게도 카르노 맵을 사용해도 완전히 간략화할 수 없는 패턴이다. 정리하면 회로는 아래의 그림 1과 같다.

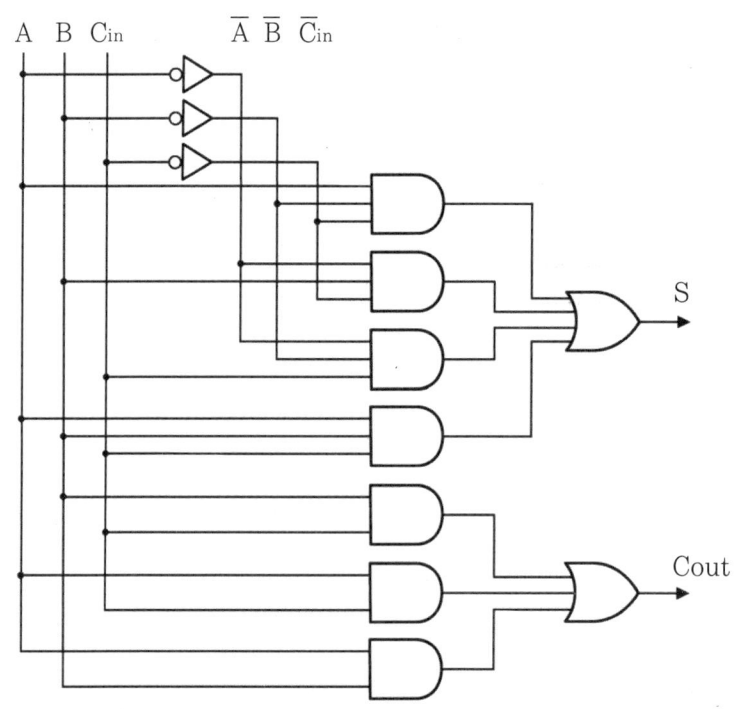

그림 1 전가산기(full adder)

이것을 **전가산기(풀애더)**라고 한다.

다수의 비트를 덧셈하기 위해서는 어떤 비트의 자릿수 출력을 1개 상위의 자리 올림수 입력에 연결해 실행한다.

이 전가산기를 상자로 나타내 **네 자릿수 덧셈 회로(가산기)를** 표시한 것이 다음 페이지 그림 2이다.

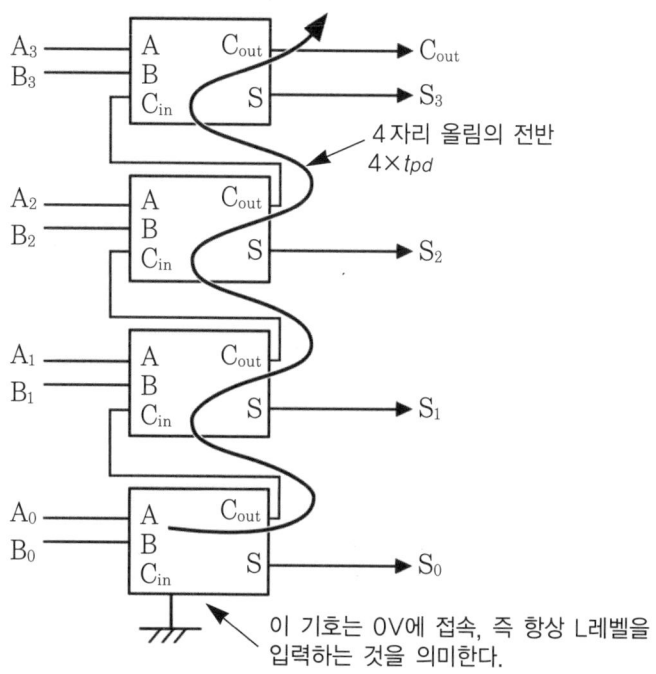

그림 2 리플자리 올림수 가산기

  이 회로를 이용하면, 덧셈을 하는 것처럼 덧셈이 행해지는 것을 알 수 있다. 이 회로는 **리플자리 올림수 가산기**라고 한다.

  리플은 캐리가 파도처럼 순서대로 전해져 가는 모습이 마치 잔물결(리플)과 같다고 해서 붙여지게 되었다. 이와 같이 규칙성을 이용할 때는 일정한 회로를 만들어 놓고 이것을 자릿수만큼 반복하는 경우가 많다. 이 회로는 자릿수가 증가하면 캐리가 전달되는 시간이 늘어나 작동속도가 늦어진다. 이 때문에 리플 캐리 고속화를 제안하는 사람들이 많지만 고속화하려면 그 만큼 필요한 게이트의 수가 많아진다.

  이처럼 하나를 얻기 위해 다른 하나를 잃게 되는 것을 '트레이드 오프(trade off)'라고 한다.

  실제 설계에서는 필요한 동작속도, 허용된 게이트 수, 사용할 칩이나 회로 종류에 따라 가장 적합한 방법을 선택하면 된다. 똑똑한 CAD의 경우는 다양한 트레이드 오프 가산기 세트를 갖추고 있어 상황에 따라 자동적으로 선택되기도 한다.

  덧셈기 이외에도 입력 수가 많고 규칙성이 있으며, 자주 사용하는 조합회로는 이미 설계되어 있는 것을 선택해 사용한다. 대표적인 조합회로를 다음 페이지에서 간단히 소개한다.

◆ 해독기(디코더)

어떠한 패턴이 입력되어 있는지를 나타내주는 회로이다.

아래의 표에 주목해 보자. 예를 들면 2진수 3비트는 8개일 가능성이 있다. 이 3개의 입력패턴에 대해 8개의 출력을 준비해 두고 입력에 대응하는 출력을 1로 하는(혹은 0으로 한다) 회로를 '3-8디코더'라고 한다. 입력, 출력, 코드화의 패턴에 따라서 다양한 디코더가 존재한다.

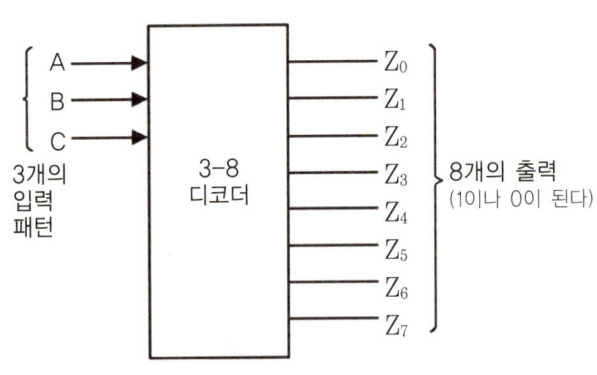

입력			출력							
C	B	A	Z_0	Z_1	Z_2	Z_3	Z_4	Z_5	Z_6	Z_7
0	0	0	1	0	0	0	0	0	0	0
0	0	1	0	1	0	0	0	0	0	0
0	1	0	0	0	1	0	0	0	0	0
0	1	1	0	0	0	1	0	0	0	0
1	0	0	0	0	0	0	1	0	0	0
1	0	1	0	0	0	0	0	1	0	0
1	1	0	0	0	0	0	0	0	1	0
1	1	1	0	0	0	0	0	0	0	1

◆ 프라이오리티 인코더

디코더와 정반대 기능을 수행하며, 입력에 따른 코드를 생성하여 출력한다.

여기서 디코더와의 차이는 입력이 복수인 경우, 어느 코드를 생성할지 우선순위(프라이오리티)에 따라 판단한다는 점이다.

◆ 멀티플렉서

선택입력의 값에 따라 여러 개의 데이터 입력 중 하나를 선택하여 출력하는 회로이다.

데이터가 통하는 길을 전환할 때 이용한다. 아래의 그림에서는 S=0일 때 Y에는 A가, S=1일 때 B가 출력된다. 실제 회로를 설계일 때는 가장 자주 사용하는 조합회로이다.

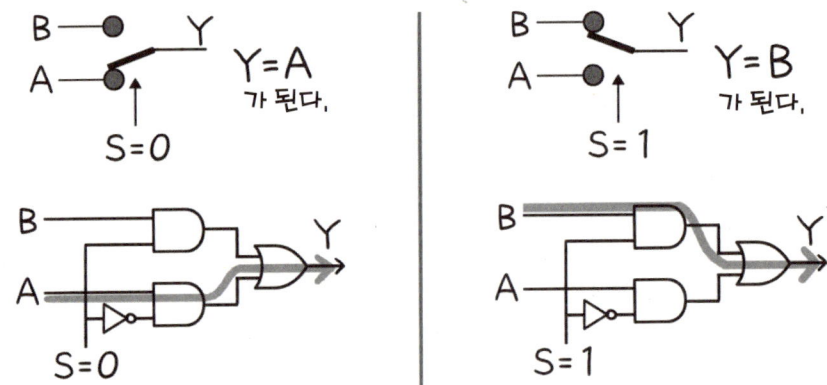

■ **뺄셈을 하는 회로란?**

가산기의 경우처럼 사람이 직접 뺄셈을 하는 것과 같은 형태의 **뺄셈 회로(감산기)**를 만들 수도 있다.

그러나 보통, **감산기**는 가산기를 약간 변경해서 만든다.
실제 2진수로 'A-B'를 계산하는 경우, 아래의 방법을 사용한다.

> 순서 ① B의 각 자리의 1을 0으로, 0을 1로 반전시킨다.
> 순서 ② ①에 1을 더한다.
> 순서 ③ A에 ②를 더한다. 출력된 캐리는 무시한다.

예로, 2진수의 13(1101)에서 6(0110)을 빼는 감산을 해 보자.
계산 결과는 7(0111)이 된다.

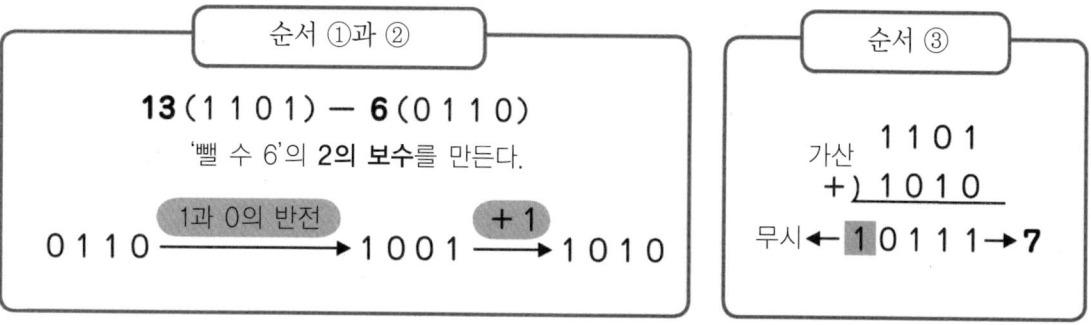

이것은 우연이 아닌 필연이다.
그 이유는 순서 ①과 ②를 행하면, B의 '2의 보수(=더하면 10,000이 되는 수)' 라는 것이 생기고, 이것이 마이너스 B의 역할을 하기 때문이다.

그럼, 가산기를 사용해 이것을 실제로 계산하는 방법을 생각해 보자.
순서 ①에서는 B의 NOT를 사용하면 되니까 간단하다. 순서 ②는 1을 더하기만 하면 되기 때문에 별도로 가산기를 사용할 필요는 없다. 가산기 가장 아래의 자리 올림수 입력은 사용하지 않기 때문에 언제나 0을 넣는다. 여기에 1을 넣게 되면 1을 더할 수 있다.
이렇게 만든 **감산기**를 다음 페이지 그림 3에 나타냈다.

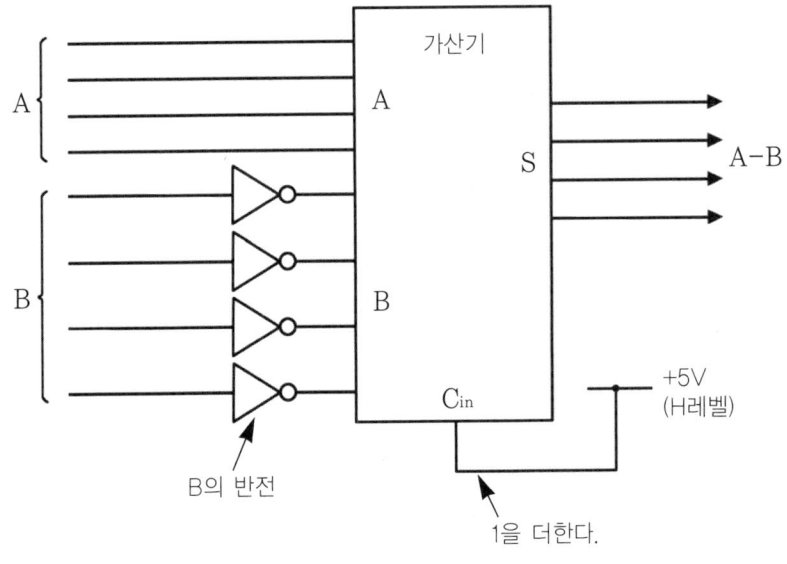

그림 3 감산기

  이것을 좀 더 연구하면 하나의 회로를 사용하여 가산과 감산을 모두 할 수 있게 된다.
  또한 AND나 OR 등의 논리 연산, 비트(bit)들을 좌측 혹은 우측으로 이동시키는 '시프트' 기능을 추가하면 ALU(Arithmetic Logic Unit) 가 만들어진다.

  ALU는 다양한 연산을 선택해 사용할 수 있는 연산회로로, 컴퓨터의 중앙 처리장치(CPU : Central Processing Unit)의 주요 핵심 부분에 사용된다.
  곱셈, 나눗셈은 꽤 복잡하기 때문에 ALU 속에는 넣지 않고 별도로 행하는 경우가 많다.

제4장 용어해설

- **카르노 맵**(Karnaugh map) : 모리스 카르노에 의해 고안된 논리식을 간단히 하는 방법이다. 직감적으로 간략화할 수 있으며, 간략화의 원리를 배우는 데 적합하기 때문에 논리설계의 교육에서 자주 이용된다. 입력이 5개를 넘으면 3차원으로 생각해야 하기 때문에 입력은 6개로 제한한다. 간략화에는 불 대수를 직접 변환하는 방법과 콰인 맥클러스키 방법(Quine-McCluskey's method)이 있다. 실제 설계현장에서는 제5장 칼럼에서 소개할 하드웨어 기술언어를 이용해 설계하며, CAD를 사용하여 회로를 생성, 간략화하는 방법이 사용되고 있다. 때문에 이러한 방법들을 이용해 사람 손으로 간략화하는 일은 거의 없다.

- **코드화** : 디지털 회로는 L과 H밖에 없기 때문에 여러 개의 신호를 섞어 표현한다. 이것을 코드라고 한다. 예를 들어, 영어 알파벳의 표현에는 ASCII 코드가 유명하며 알파벳, 숫자, 기호를 8 자릿수(8비트)의 1과 0 조합으로 표현한다.

- **2진수** : 0과 1만으로 수를 나타내는 가장 기본적인 방법이다. 2진수의 한 자리수를 비트(bit)라 하며, 8비트를 바이트라고 한다. 큰 수를 2진수로 나타내면 자릿수가 늘어나 읽기 힘들기 때문에, 16진수나 8진수를 사용하는 경우도 있다.

- **돈트 케어**(don't care) : 금지되어 있는(있을 수 없는) 입력이기 때문에 무엇을 출력해도 좋은 경우를 가리키는 말이다. 이 책에서는 −로 표현하고 있는데 X를 사용하는 경우도 있다.

제5장
순서회로를 만들자

1. 순서회로란?

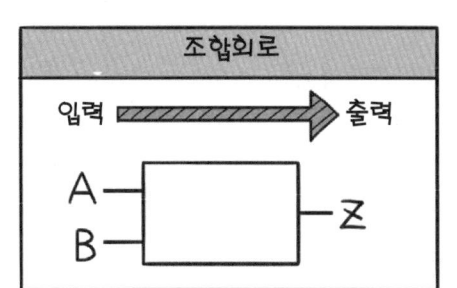

그래 지금까지 배웠던 '**조합회로**'는 '**현재의 입력**'만으로 '**출력**'이 결정돼.

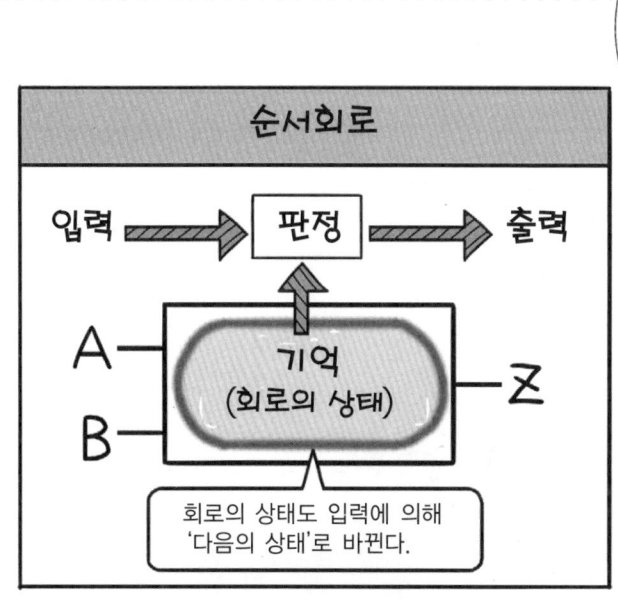

반면에 지금부터 배울 '**순서회로**'는 '**현재의 입력**'과 '**기억**'(과거의 입력에 의해 결정되는 회로의 상태)에 의해 '**출력**'과 '**다음 상태**'가 정해지는 거야!

회로의 상태도 입력에 의해 '다음의 상태'로 바뀐다.

…우우 기억? 회로의 상태? 벌써부터 머리가 돌 것 같아….

자, 쉬운 예를 들어 볼까.

지혜가 자동판매기에서 주스를 산다고 해보자. 500원을 넣고 그 다음에 100원을 넣었다면, 합계는 600원이라고 인식되겠지?

600원 판매중

500원과 100원을 받았습니다.

이것은 기계가 '500원을 받았다'는 과거를 확실히 '기억'하고 있기 때문에 가능한 거야.

기억이 없습니다.

방금 500원을 넣었잖아요!?

엣-

그렇군요. 역시! 기억 못하면 아주 곤란한 일이 생기지요!

최악!! 내 돈 돌려줘…! 아무 쓸모 없는 자동판매기잖아…!

그렇지! 그렇기 때문에 유용한 회로를 만드는 데 '기억'이 빠지면 안돼.

지금 사용되고 있는 디지털 회로의 대부분은 순서회로인데, 컴퓨터도 역시 크고 복잡한 순서회로라고 할 수 있지.

빠!

빰!

즉! 순서회로를 제어하면, 모든 디지털 회로를 제어할 수 있다는 말씀♪

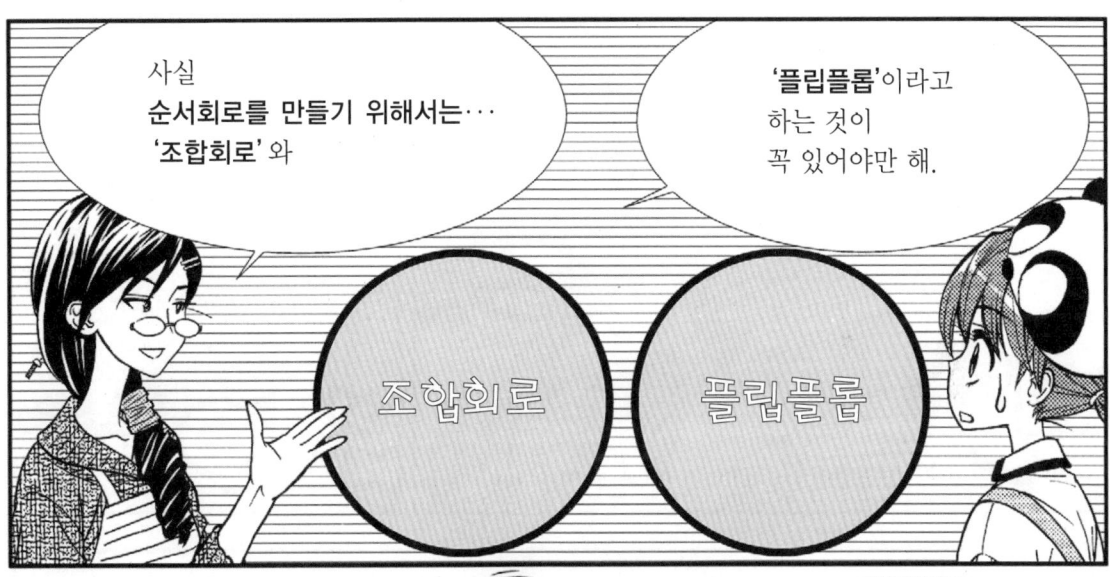

2. D 플립플롭

D 플립플롭은 시소

"이야~ 날씨 좋다 근데 공원에는 무슨 일로?"

"사실은 말이지…. **플립플롭**이라고 하는 말은, 시소가 기울 때 내는 '덜커덩' 소리를 의미해."

※ 플립플롭의 뜻에 대해서는 P.193의 용어해설을 참조 바람.

"아 시소! 뭔가 알 것도 같은데 ……!"

"자, 여기부터가 본론! 디지털 회로의 '플립플롭'이란 '**디지털 신호, 1비트(0이나 1)를 기억하는 회로**'를 말하는 거야."

"이게 중요하다고!!"

에헤···,
갑자기, 알쏭달쏭해요···.

두둥

시소를 생각해보면 간단해.

시소는 좌우 어느 한쪽이라도 기울어지면 멈추게 되잖아? 같은 원리야.
플립플롭은「0이나 1을 기억」하고 있어.

마지막 상태가 **0**을 기억하면

마지막 상태가 **1**을 기억하면

아하, 그렇구나.

1비트씩 기억한다는 건 '0이나 1 중' 하나를 기억한다는 거군요. 확실히 시소랑 비슷하네요.

으음. 근데 이렇게 간단한 것만 있는 게 아니야. 더욱 중요한 플립플롭이 있어. 꼭 외워둬~

이름하여····.
'D 플립플롭'!!

D 플립플롭과 클록

시계

D-FF가 특히 편리!

응, 사실은 플립플롭(줄여서 FF)에는 다양한 종류가 있는데, **특히 편리한 것이 D 플립플롭이야.**

최근 디지털 회로에는 이것만 사용하고 있지.

그 외의 FF

JK-FF T-FF

D 플립플롭에는, '클록'이라는 것이 있는데, **특별한 디지털 신호의 변화에 따라 데이터를 기억하는** 기능을 한단다.

클록……? 은 시계를 말하잖아요. Clock…….

응, 먼저 이것을 보렴.

이것은 D 플립플롭(줄여서 D-FF)의 기호야.

D 플립플롭은 'D입력'과 'Q출력'을 갖지. Q의 반전기호 $\bar{Q}$도 있지만, 여기서는 신경쓰지 않아도 돼.

※P.185 등에서 사용하고 있다.

입력 — D Q — 출력
         $\bar{Q}$
      CLK(클록)

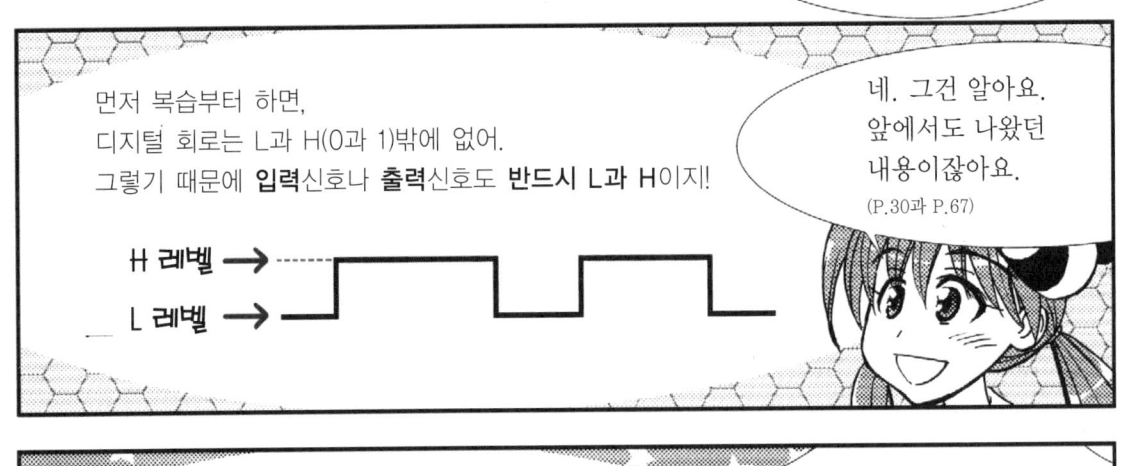

| | 어어어어!!?? 그런데 군데군데 **화살표**가 있네요!!? |

반면, CLK(클록)의 **디지털 신호**는 이것!

맞아. 이게 바로 주목해야 할 포인트야!

이렇게 '클록의 L에서 H로 변화'하는 것을 '**상향**'이라고 해.

그리고 '클록이 H에서 L로 변화'하는 것을 '**하향**'이라고 하고.

※ 한 요정은 '저장'과 '통과'의 두 일을 모두 할 수 있다. 상황에 따라 둘 중 한 가지 일을 한다.

※두 명이 함께 협력하는 구조에 대해서는 p.188에서 설명한다.

제5장 순서회로를 만들자

통과
저장
봐봐! 클록이 **상향이 아닐** 때는 **D입력이 변해도** 결과적으로 **무시!**
새롭게 기억(저장)하지 않고 당연 Q출력도 변화하지 않아.
상향일 때 저장할 준비를 위해 **통과**~
앞의 데이터를 정확히 **유지!**
Q 출력
D 입력
변화하고 있어!
D입력을 무시!
상향이 아니다.
CLK (클록)
우와! 요성님들은 클록이 상승하는 바로 그 순간 이외에는 **새롭게 저장하지** 않네요!
그래. D 플립플롭은 이런 원리로 동작하고 있어.
야~~~~~
그 결과 데이터를 확실히 지켜 **현상유지**시킵니다.

'D입력', 'CLK', 'Q출력'
이 세가지 각각의 신호가
**시간의 변화에 따라
어떻게 변하는지**
나타내면 이런 표가 돼.

이런 표를
'타이밍 차트'라고 해.

D
CLK
(클록)
Q

〈D 플립플롭의 동작〉

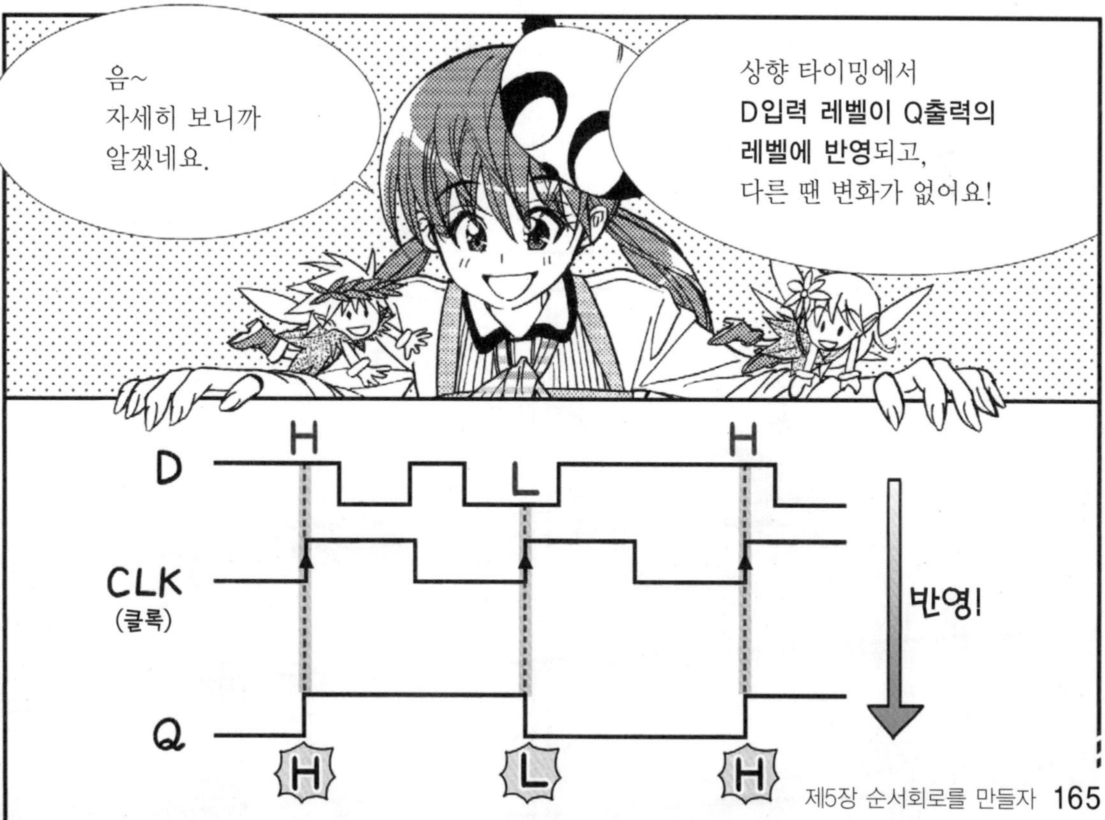

음~
자세히 보니까
알겠네요.

상향 타이밍에서
**D입력 레벨이 Q출력의
레벨에 반영**되고,
다른 땐 변화가 없어요!

D   H   H
CLK   L

Q   H   L   H

반영!

제5장 순서회로를 만들자 165

※D 플립플롭의 내부에 대해서는 칼럼 P.187에서 설명한다.

◨ 레지스터란?

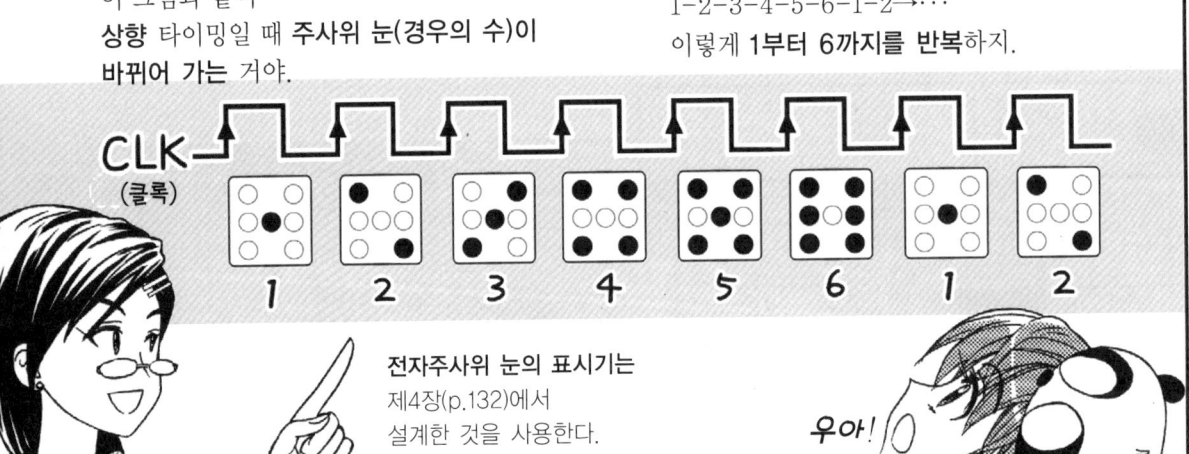

▶ (1) 먼저 상태 전이도를 그린다

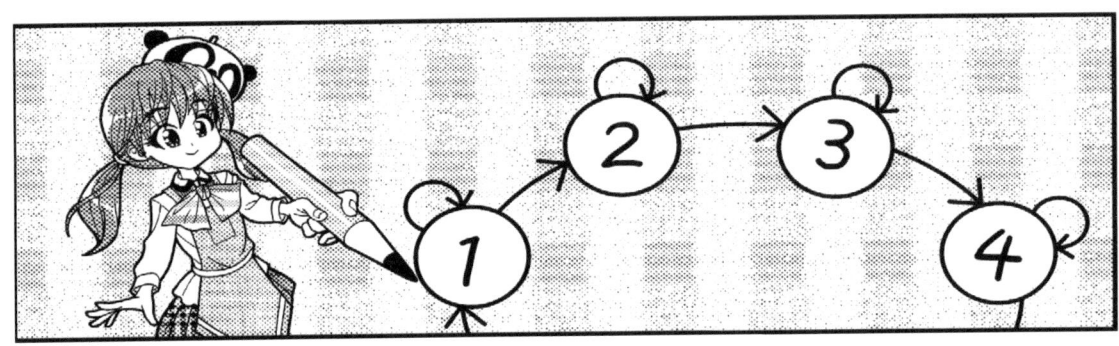

자, 이제 **순서회로**(전자주사위) **설계 순서**를 가르쳐 줄게.
맨 처음에 해야 할 것은 '회로의 상태'를 정하고, 입력에 따라 어떤 변화가 일어나는지 표로 그리는 거야.

즉, **'상태 전이도'**라고 하는 걸 만드는 거지.

?? 상태⋯전이⋯?? **'상태'**는 **회로의 상태**를 말하는 거죠?
전자주사위의 경우라면 '1의 눈'이라든가, '2의 눈'이라든가⋯.

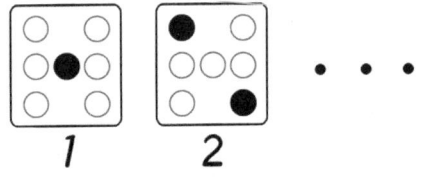

맞아! 전자주사위의 경우에 주사위의 눈이 그대로 상태로서 사용되기 때문에 이야기는 쉬워지지.

그리고 **'전이'**라고 하는 것은 '이동하여 변한다'는 거야.
예를 들어 계절의 전이는 이런 느낌이라고 할 수 있지.

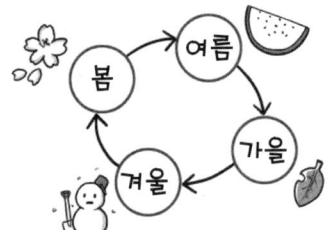

아아, 그럼 간단해요! '주사위 눈'의 전이는 이렇게 되는 거네요.

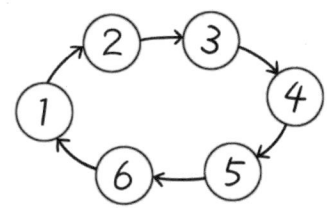

그렇지. 그럼, 다시 한번 STOP 버튼에 대해서도 생각해 보자.
STOP 버튼을 누르지 않을 때는 S(STOP) = L레벨.
이때는 아래 그림과 같이 회로의 상태가 다음의 상태(다음 눈)로 진행돼.

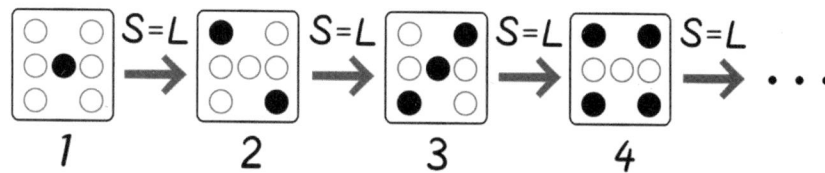

삐삐삐삐~ 소리를 내며, 알아서 척척 계속 변해가는 느낌이네요!~

한편, STOP 버튼을 눌렀을 때는 S(STOP) = H레벨!
이 때는 아래 그림과 같이 회로의 상태가 즉시 멈춰.
즉 '다음 상태'도 자기 자신이 되는 거야.

STOP 버튼이 눌러진 순간의 '회로 상태'가 유지되는 거네요. 위의 예에서 '3의 눈'처럼 말이에요.

제5장 순서회로를 만들자 175

 이렇게 해서 'S(STOP) = L'과 'S(STOP)=H'에 대해서도 그림으로 그려보도록 하자.
그러면 아래의 그림과 같이 되지.
이것으로 **전자주사위**의 **상태전이도**가 완성된 거야!

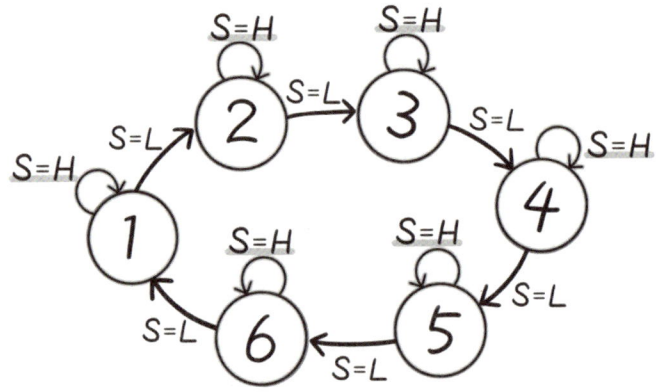

전자주사위의 상태전이도

 아하~ 그렇지만, 이게 도대체 무슨 도움을 준다는 거지요?

 후훗.
형준이가 **조합회로**를 가르쳐 주면서, '조합회로의 설계는 진리표만 그리면 다 된거나 마찬가지다' 라는 말을 했을지도 모르시만……

 아 네. 정말 그렇게 배웠어요(p.62참조).
점장님은 천리안인가 봐요!?

 그와 마찬가지로 순서회로의 설계는 **상태전이도만 그리면 다 된거나 마찬가지**이지.
상태전이도는 순서회로를 설계하는 기본이 되는 건데, 이것만 완성되면 그 다음부터 조직적인 방법으로 회로를 설계할 수 있어.

 아하~ 그렇구나. 그런거군요……
형준선배가 가르쳐준 진리표와 같이 상태전이도는 중요하다는 거지요. 아…….
역시……. 흠…….

 (윽, 또 형준이 생각이 난 모양이군!!)

▶ (2) 상태에 2진수를 대입한다

 그럼 다음으로 넘어가요. '**상태에 2진수를 대입한다**'는 것은 도대체…?

 조금 전에 '중화요리'를 화두로 코드화라는 표현이 나왔었지(p.108참조).
그 코드화를 각각의 상태에 대해 실행하는 것을 말해. 상태에 따라 2진수 코드를 잘 할당하면 회로가 간단해지거든.

그렇지만! 여기서는 귀찮으니까 이전에 만든 전자주사위 눈의 표시기(p.132참조)를 그대로 사용하기 위해 **눈을 그대로 2진수로 표현해** 보자. 그리고 이것을 상태의 **번호**로 사용하는 거야.

 오~ 그 방법이 확실히 편하겠네요.
그럼, 3비트의 수-001(1의 눈), 010(2의 눈), 011(3의 눈), 100(4의 눈), 101(5의 눈), 110(6의 눈)으로, **6개의 상태**를 나타내지요.

 바로 그거야! 상태에 2진수를 할당한 뒤의 상태전이도는 이렇게 돼.

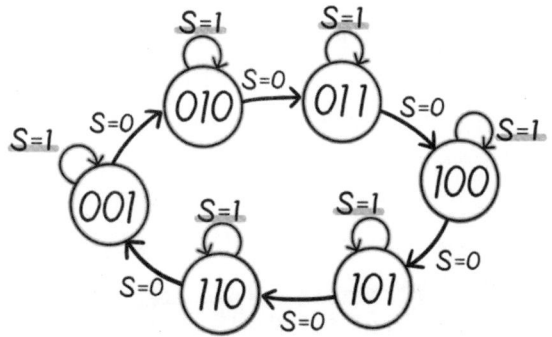

 STOP 버튼의 S=H는 S=1, S=L은 S=0으로 교체되었네요.

제5장 순서회로를 만들자 **177**

그리고 머리를 정리하기 위해서 '전자주사위의 상태전이표(2진수를 대입한 후)'도 만들어 두자. **'현재의 상태'**를 C_2, C_1, C_0의 3비트, **'다음의 상태'**를 N_2, N_1, N_0의 3비트로 표현했어.

주사위의 상태 전이표(할당 후)

입력 S	현재의 상태(출력) C_2 C_1 C_0	다음의 상태 N_2 N_1 N_0
1	0 0 1 (1)	0 0 1 (1)
1	0 1 0 (2)	0 1 0 (2)
1	0 1 1 (3)	0 1 1 (3)
1	1 0 0 (4)	1 0 0 (4)
1	1 0 1 (5)	1 0 1 (5)
1	1 1 0 (6)	1 1 0 (6)
0	0 0 1 (1)	0 1 0 (2)
0	0 1 0 (2)	0 1 1 (3)
0	0 1 1 (3)	1 0 0 (4)
0	1 0 0 (4)	1 0 1 (5)
0	1 0 1 (5)	1 1 0 (6)
0	1 1 0 (6)	0 0 1 (1)

STOP! $S=1$ 다음 상태는 자기 자신

$S=0$ 다음의 상태 (다음 눈)로 진행한다.

주사위 눈의 수

※현재 상태의 숫자는 그대로 주사위 눈으로 사용할 수 있으므로 현재 상태와 출력은 동일하게 된다.

흥. 'S(Stop)'과 'C_2, C_1, C_0'과 'N_2, N_1, N_0'의 관계를 알겠어요.

그렇다면, 다음으로 넘어가자. 주사위의 눈을 그대로 상태번호로 삼아 '001, 010, 011, 100, 101, 110'로 했는데……. 이 **3비트의 상태를 기억**하려면…. 어떻게 해야 할까?

네!? 응, 그러니까 D 플립플롭이나 레지스터에 **기억하는 회로**가 있잖아요(p.153과 p.168 참조). 그러니까 그것을 사용하면 되지 않을까요?

그렇지. 아주 정확했어. 3비트의 상태를 기억하기 위해서는 **3개의 D 플립플롭**을 사용하는 거야. 아니면 **3비트의 레지스터**라고 바꾸어 말해도 좋고.

아래 그림이 **전자주사위 순서회로의 골조**야.

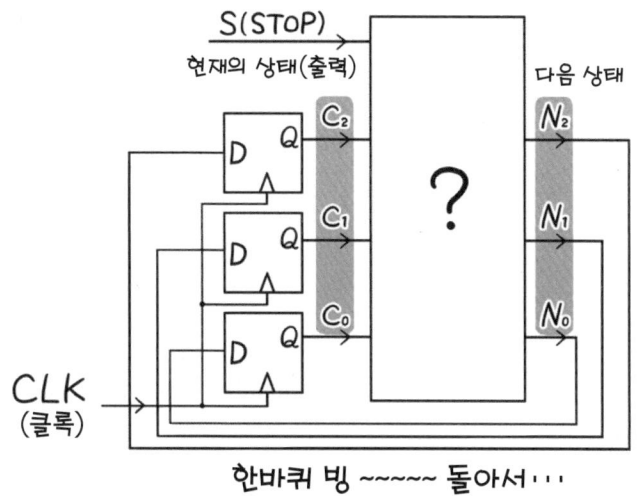

순서회로의 기본 구조

오오오. 정말 D 플립플롭(레지스터)이 3개 있네요!

'현재의 상태'는 3비트 레지스터에 들어 있어 이의 출력인 C_2, C_1, C_0과 S(Stop) 입력에서 다음의 상태와 출력이 결정되는 거야.
단, 이번에는 '상태'의 숫자가 그대로 주사위의 눈으로 사용되기 때문에 **'상태'와 '출력'**이 같게 되지.

그러니까 '현재의 상태(출력)'인 C_2, C_1, C_0과 **S입력**에 의해 '다음 상태(출력)' N_2, N_1, N_0가 결정된다는 말씀!

오호~ 위에 그림 '?' 부분에는 그런 회로가 들어 있는 거지요?

맞아. 그것은 다음 단계에서 설명할게. 자, 다시 그림을 봐.
'다음의 상태'인 N_2, N_1, N_0은 빙글~ 하고 돌아 레지스터의 입력으로 이어져 있지. 그래서, 다음 **CLK**(클록)이 상승하면 그 값이 레지스터에 기억되는 거야.

'다음 상태'가 빙 돌아와 새롭게 기억되어 '현재의 상태'가 된다⋯.
그러니까, 상태전이도상에서 '다음의 상태로 **전이**' 하게 된 거네요!!
그것을 반복해서 1→2→3→4→5→6→1→2⋯⋯로 전이해 간다고요?

제5장 순서회로를 만들자 **179**

 맞아! 아래 그림은 현재의 상태가 110(눈이 6)이고, S(STOP)=0인 예를 나타낸 거야.

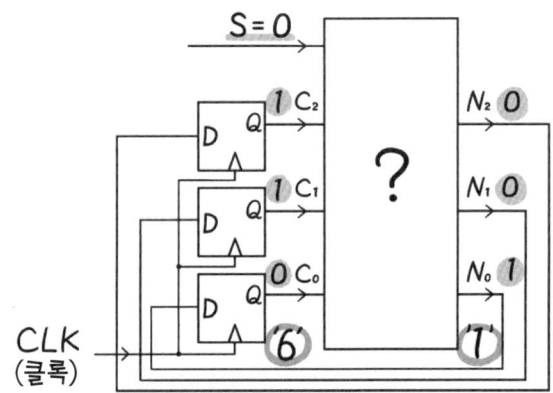

 이 경우 다음의 상태는 001(눈이 1)이 되고, 이것이 빙 돌아서 레지스터에 입력에 연결되어 있다가 클록이 상승한 순간에 기억이 되는 거야.

 이게 상태 110에서 상태 001로 전이한 거네요?

 그렇지! 그리고 S(STOP)=1의 경우에는 N_2, N_1, N_0에 110(눈이 6)이 출력되도록 설계해두는 거야.

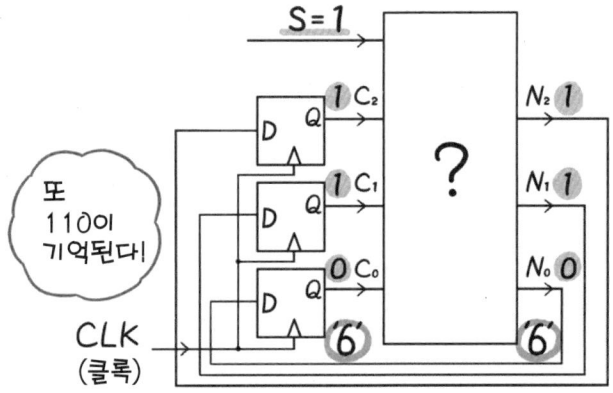

 그렇게 하면, 클록이 상승해도 역시 110이 기억되기 때문에 상태는 자기 자신에게 전이되어 전자주사위의 눈은 변화하지 않게 되지.

 흐응, 그러면 '6의 눈'이 나오니, 같은 상태가 유지되는 거네요.
순서회로의 기본구조는 이제 완벽하게 이해됐어요!

(3) 조합회로의 설계

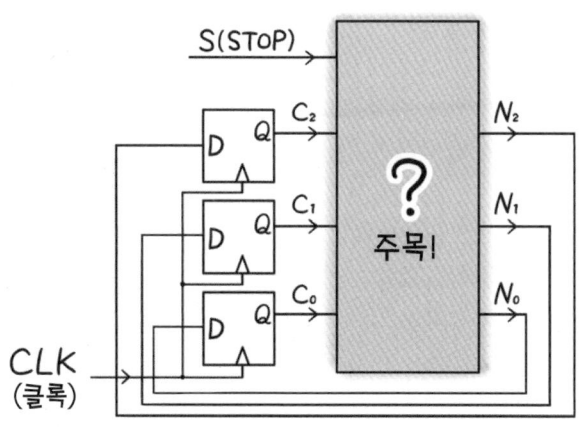

그럼, 이제 드디어 마지막 단계야.
주목하는 해야 할 것은 위 그림의 '?' 부분.
'상태 전이도에 따라, 다음의 상태를 만들어 주는 회로'를 어떻게 설계하면 좋을까?
사실, 지혜는 이미 그 방법을 알고 있어 ♪~

어어? 음……. 그러니까 바로,
'현재의 상태(출력)인 C_2, C_1, C_0와 S입력에 의해 '다음의 상태(출력)' N_2, N_1, N_0가 결정되는 회로를 말하는 거네요. 그건 음……. 그러니까, 아…….

뭐야, 내가 곧바로 가르쳐 주지.
'현재의 상태'와 '입력'으로부터 '다음의 상태'를 출력하는 회로는
'현재의 입력'에서 '출력'을 정하는 회로…… 즉 **조합회로**란다!

네에? 조합회로라면 전에 배웠던 그 간단한 회로 말인가요?

 그래. '?'의 부분을 간단하게 생각해서 나타낸 게 아래 그림이야.
이것은 바로, 현재의 입력만으로 출력이 결정되는 [**조합회로**] 그 자체지.

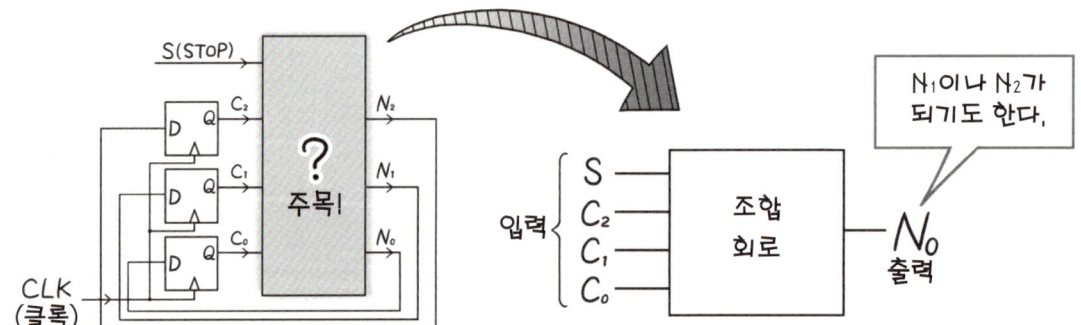

 정말 조합회로예요! 배운 방법을 그대로 사용할 수 있군요(제2장 참조).
N_2, N_1, N_0과 3개의 출력이 있기 때문에 각각의 **진리표**가 필요한 거고요.

 그렇지. 방금 만든 '전자주사위의 상태전이표'를 사용하면 좋아(p.178 참조).
그리고 지금부터 **카르노 맵**을 그리는데, 주의해야 할 사항이 '돈트 케어'란다!
어떤 돈트 케어가 있는지는 알고 있니?

 음~ S는 STOP이니까 0과 1 어느 쪽도 가능하지요.
주사위의 눈을 표현하는 'C_2, C_1, C_0'는 3비트가 있기 때문에, 그림과 표와 같이 생각해서 **'0에서 7'을 나타**낼 수 있습니다(제4장의 p.116참조).

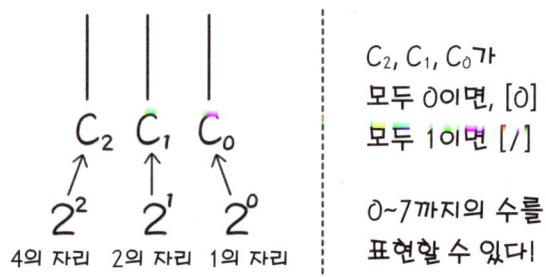

 그렇지만 주사위의 눈에는 '0'과 '7'은 없습니다.
그리고 '0과 7' 각각에 S=0의 경우와, S=1인 경우를 생각해 볼 수 있고요.
그렇기 때문에 돈트 케어는 다음과 같이 **4개**가 됩니다!

4개의 돈트 케어

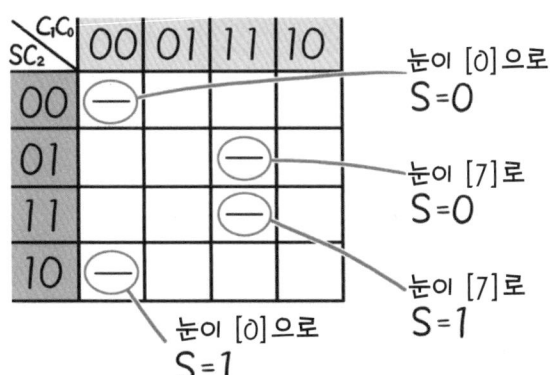

눈이 [0]으로 S=0
눈이 [7]로 S=0
눈이 [7]로 S=1
눈이 [0]으로 S=1

오오, 완벽한 대답이었어.
그럼 돈트 케어를 잘 아니까 간략화도 할 수 있을 것 같은데, 직접 설명해 볼래?

네! 그러니까.
N_2, N_1, N_0과 3의 출력 각각의 카르노 맵과 회로도를 그려보겠습니다. 야압!

N_2(가장 위의 자릿수)에 대해

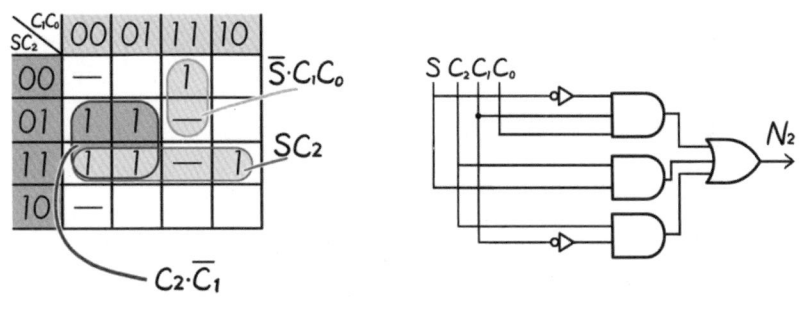

N_1(한가운데의 자릿수)에 대해

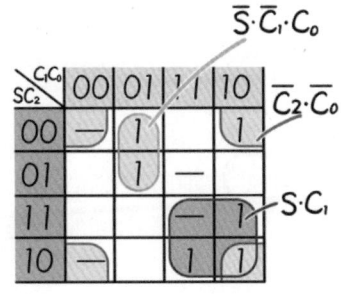
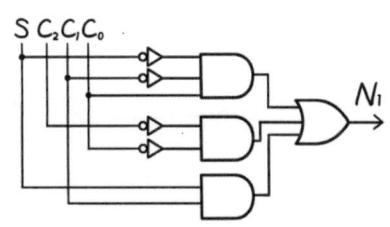

제5장 순서회로를 만들자 183

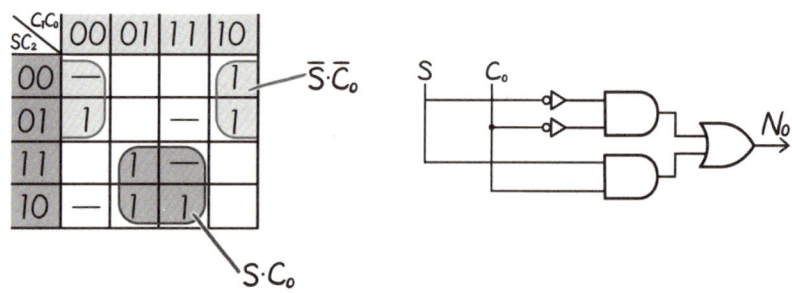

응! 느낌이 좋은데~
그럼, 이 3개의 회로도를 '?' 부분에 넣어 보자.

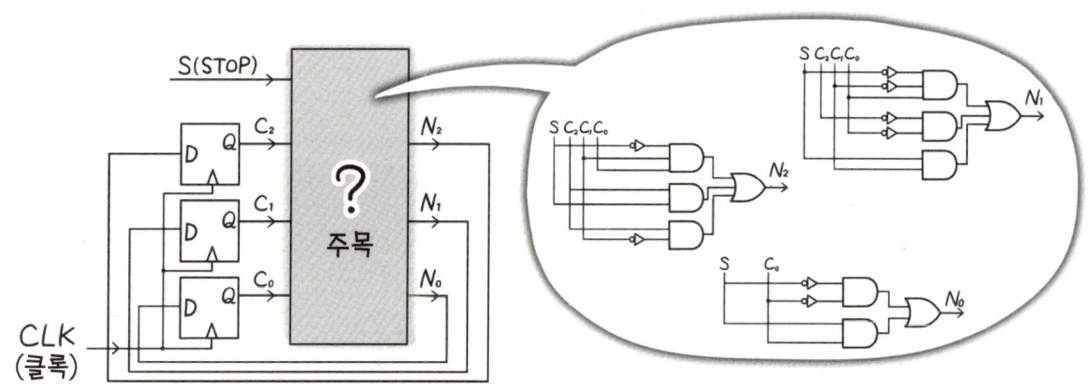

그리고, 지난번 설계한 주사위 표시기를 연결하면 전자주사위의 회로도가 완성!

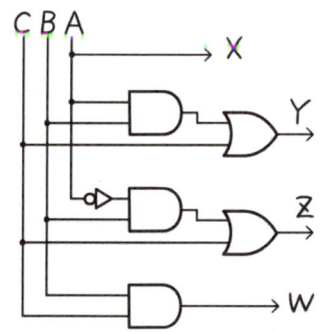

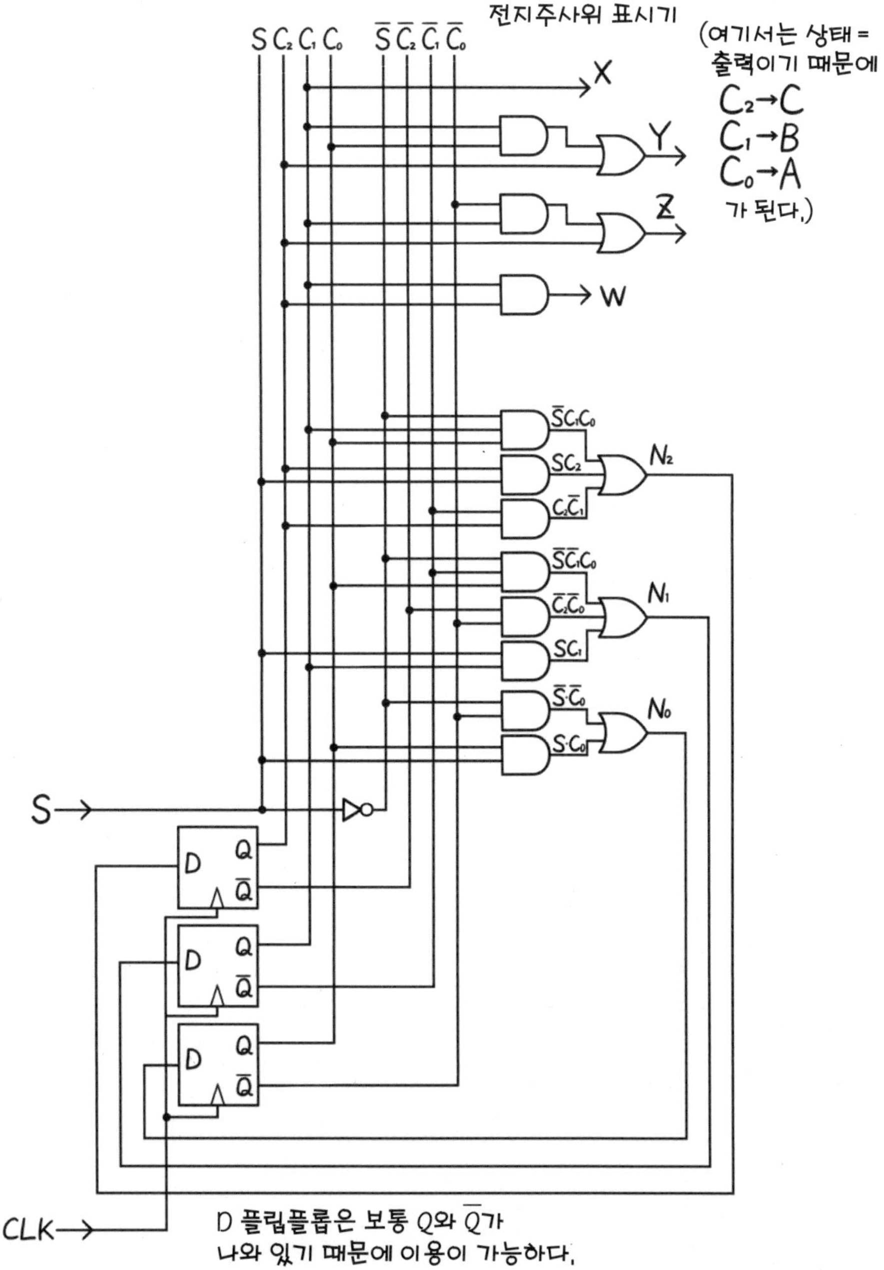

전자주사위의 전체 회로도

 우와 ~ 이것이 전자주사위의 설계도입니다. 드디어 완성되었어요~!

제5장 순서회로를 만들자 185

수고했어~.
이것으로 지혜는 **순서회로의 설계법**을 마스터한 거야!
복습 한번 해볼까. 이런 절차였지?

순서회로(전자주사위)의 설계 절차

(1) 먼저 상태전이도를 그린다.
(2) 상태에 2진수를 대입한다.
(3) 조합회로의 설계

네!
이젠 그 의미를 완전히 이해했어요.

정확하게 말하면, 여기서 소개한 것은 '동기식 순서회로'라고 하는 거야. 전체의 회로가 **하나의 클록 신호와 동기**, 그러니까 같은 시기에 움직이는 회로인 거지.

그렇지만 클록이 없는 비동기식의 회로는 거의 사용되지 않아. 여기서 소개한 방법은 현실제 사용되는 대부분의 디지털 회로에 통용된다고 할 수 있어.

오우! 그거 참 대단하네요!
아 그런데, 컴퓨터와 같은 거대한 디지털 회로를 하나의 순서회로로 만들 수는 없겠죠?
현실적이지 않다고나 할까…….

그렇지. 거대한 디지털 회로는 몇 개의 순서회로로 나누어 설계해.
그런데 이전에 소개했듯이, 그렇게 하려면 먼저 컴퓨터 아키텍쳐(architecture)나 시스템 설계기술이라고 하는 약간 다른 영역의 지식과 기술이 필요하게 되지.

그래요…….
아직도 공부해야 할 것들이 엄청 많이 남아 있네요.
그래도 지금 전자주사위 설계도가 완성된 것만으로도 정말 기분이 좋아요. 뽕!

Column 플립플롭의 내부

디지털 데이터를 기억하려면 어떻게 하는 것이 좋을까? 그림 1에 나타낸 것처럼 2개의 NOT 게이트를, 서로 상대의 출력에 입력을 연결시켜 숫자 8 모양을 만든다.

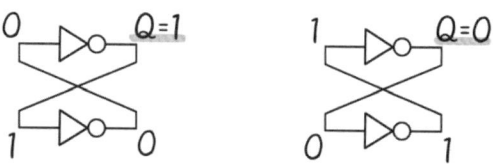

그림 1 가장 간단한 기억회로

이 회로는 전혀 입력이 없지만, Q가 1이면 위 게이트의 입력은 0이 되어 계속 1로 남는다. 한편, Q가 0이라면 위 게이트의 입력은 1이 되기 때문에 계속 0으로 남는다. 즉, 이 회로는 'Q가 1인 상태'와 'Q가 0인 상태'가 있는데, 한 번 그 상태가 되면 그것을 계속 유지한다.

약간 이해하기 어려울 수도 있지만, 이것이 가장 간단한 기억회로이다.

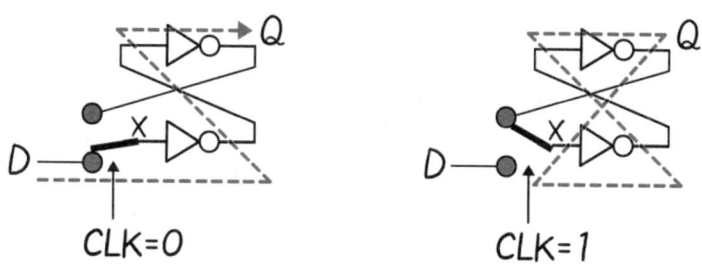

a) D입력은 Q에 전달됨 b) 데이터를 기억함

그림 2 데이터 입력용 스위치를 부착한 회로 (요정 : D래치)

그러나 입력 없이는 사용하기 어려우므로 그림 2와 같이 스위치를 달아 이것을 CLK입력으로 제어한다. 스위치인 X점이, CLK=0일 때는 D 입력측, 1일 때는 윗부분의 게이트 출력측에 붙는다고 하면, 즉 CLK=0일 때는 D입력이 Q까지 전달된다. 그리고 CLK=1로 하면, 지금까지 입력된 D로부터의 데이터를 8 모양의 기억회로에 가둬 Q에서 출력할 수 있다. 입력측은 단절되어 있기 때문에 아무리 D를 변형시켜도 갇힌 데이터는 형태 그대로 보존된다. 이 구성은 D래치라고 하며, 이것이 이 책에 등장하는 요정에 해당한다.

제5장 순서회로를 만들자 **187**

이 스위치는 앞장의 칼럼에서 소개한 데이터 셀렉터(다중화기)를 사용한다. D래치에 데이터를 기억시키기 위해서는 CLK를 한 번 0으로 해야만 한다. 이때 데이터는 D에서 Q까지 거침없이 이동해 버리기 때문에 CLK가 상향일 때만 데이터를 기억하는 동작(에지동작)이 불가능하다. 에지동작은 상태전이를 시키기 위해서는 꼭 필요하기 때문에 또 한 명의 응원요정을 불러 도움을 받기로 한다.

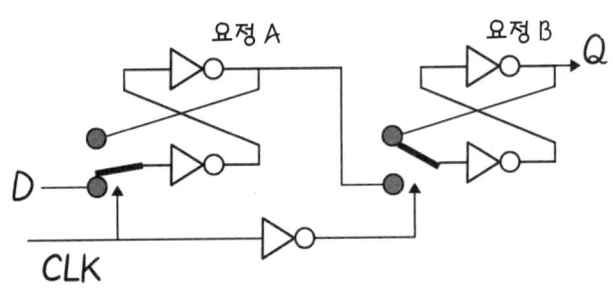

그림 3 D 플립플롭의 구조

그림 3과 같이 두 명의 요정을 순서대로 나열하고, 두 번째 요정 B 스위치에는 CLK의 반전 신호를 부여한다. 이와 같이 하면 한쪽이 기억을 하기 위해 데이터가 거침없이 지나가도 다른 한쪽이 데이터를 기억할 수 있다.

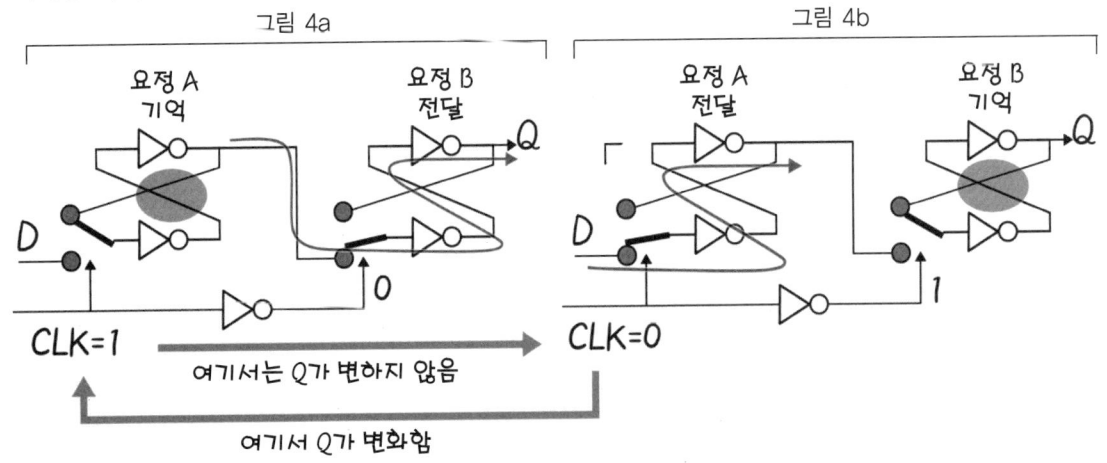

그림 4 플립플롭의 동작

우선 CLK＝1일 때는 요정 A가 데이터를 기억하고 있으며, 요정 B는 A로부터 받은 데이터를 전달하여 Q로 출력한다. 이것이 그림 4a이다. 여기서 CLK＝0으로 변화하면 요정 B가 요정 A를 대신하여 이제까지 출력해 왔던 데이터를 기억한다. 이 때문에 외부에서 보면 Q의 값의 변화는 없다.

요정 B가 기억하고 있는 사이에 요정 A는 입력 내용을 전달하고 새로운 입력데이터를 기억하기 위한 준비를 한다(그림 4b). 그리고 CLK가 0에서 1로 변화하는 순간 새로운 데이터를 요정 A가 기억하여 요정 B에게 전달하면 Q로 출력된다(다시 그림 4a).

이것이 D 플립플롭의 동작이다. 이렇게 두 요정의 훌륭한 협력에 의해 에지동작이 실현되는 것이다. 약간 지나친 표현이긴 하지만 이 방식은 마스터 슬레이브(주인과 노예) 방식으로 불리고 있다. 요정 A와 B의 움직임은 완전히 대칭적이지, 상하관계가 아니기 때문에 주인과 노예로 표현하기는 이상하지만 역사적으로 그렇게 불리우고 있다.

그런데, 여기서는 D 플립플롭밖에 소개하지 않았다.

최근에는 '하드웨어 기술언어에 의한 설계(p.208에서 소개한다)'가 주류를 이루었기 때문에, D 플립플롭 이외의 플립플롭은 거의 사용하지 않게 되었다. 그러나 역사적으로는 플립플롭의 주류는 JK 플립플롭이었다.

다음 페이지에서는 JK 플립플롭 등 다양한 플립플롭에 대해 설명한다.

Column 다양한 플립플롭

JK 플립플롭에는 그림 5에 나타낸 것처럼 'J입력, K입력, 클록입력, $\overline{Q}$출력, Q출력'이 있다.

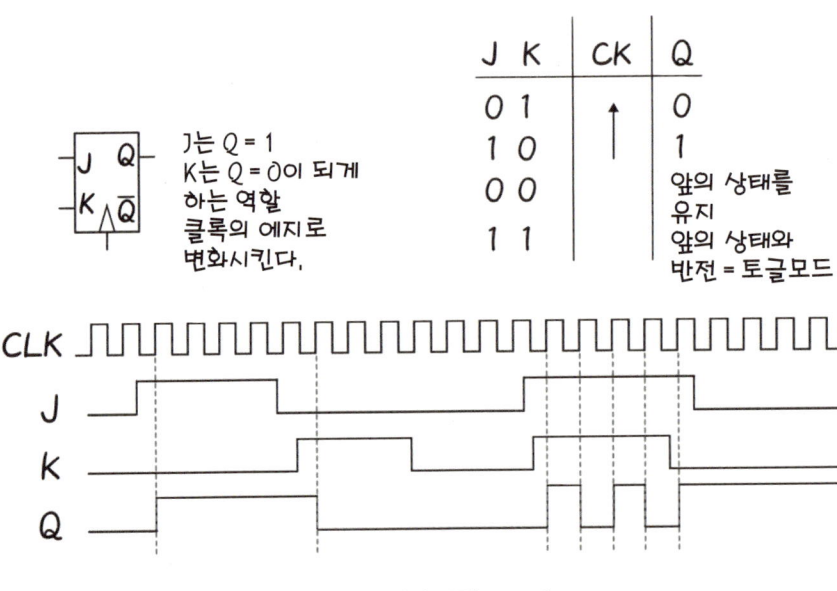

그림 5 JK 플립플롭(JK-FF)

J입력은 Q를 1로 하는 기능이 있으며, 반대로 K입력은 Q를 0으로 하는 기능이 있다.

J=1, K=0일 때 클록이 상향이면 Q=1이 되고, J=0, K=1일 때 클록이 상향이면 Q=0이 된다. J=0, K=0일 때는 클록이 상승해도 변화하지 않고 그 상태를 유지한다. 이 JK 플립플롭이 재미있는 것은 J=1, K=1일 때의 동작으로 클록이 상향이면 그때까지 상태의 반대가 된다. 즉 Q=1이면 Q=0으로, Q=0이면 Q=1이 된다. 이 동작을 **토글(반전)**이라고 한다.

이 토글동작을 이용하면, 클록의 수를 세는 카운트 기능을 간단하게 만들 수 있다. 2진수의 카운트 업에 대한 규칙은 간단하다. 자신보다 아래의 자릿수가 모두 1일 때, 클록이 상향이면 그 자릿수를 반전시킨다. 그 이외의 경우에는 그 자릿수의 값을 유지하는 방식으로 수를 하나씩 늘려간다. 이 원리로 만든 동기 2진수 카운트를 그림 6에 나타낸다.

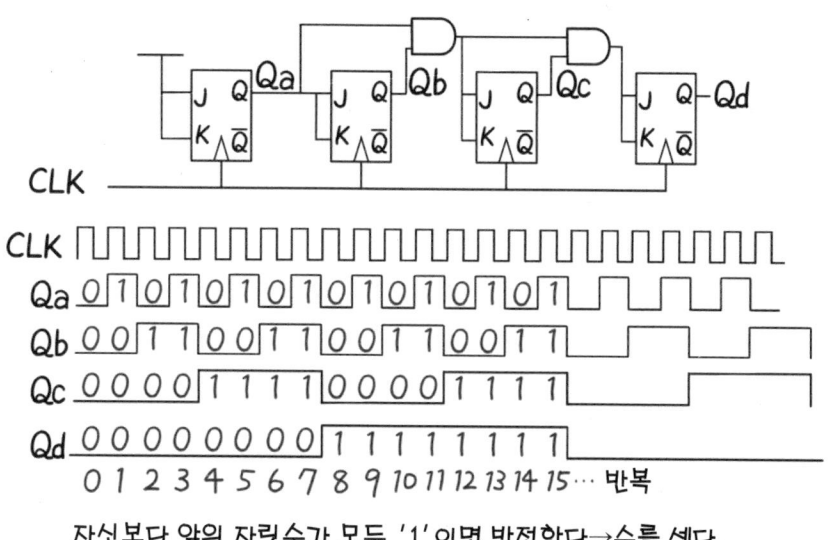

그림 6 동기식 카운트

그림 6을 보면 J와 K는 항상 연결되어 있으며, 토글 동작과 기억의 보존만을 행하고 있다. 이것으로도 충분한 경우가 많기 때문에 그림 7과 같이 J와 K를 접속해서 T라는 입력명을 부여한 구조를 **T 플립플롭**이라고 한다.

한편, K를 J의 반전 신호와 접속하고, 이것에 D라는 입력명을 부여하면 플립플롭이 완성된다.

이와 같이 JK 플립플롭은 T 플립플롭과 D 플립플롭을 겸하고 있어, 플립플롭의 왕으로 취급되었다. 그러나 기능이 지나치게 많기 때문에 CAD를 이용한 설계에서는 선호하지 않아 최근에는 사용 기회가 줄고 있다.

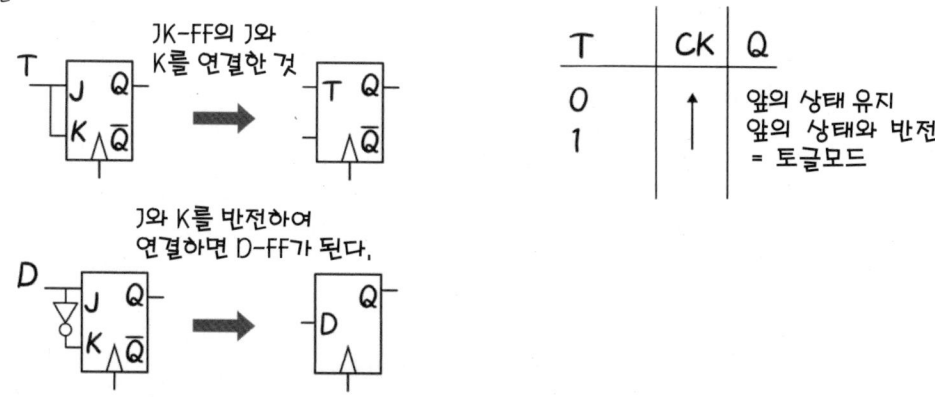

그림 7 JK-FF와 T-FF, D-FF의 관계

제5장 순서회로를 만들자

D 플립플롭은 최근 플립플롭의 주류로 인정받고 있다. 그런데 약점이 하나 있다. 그것은 JK 플립플롭의 J=0, K=0에 대응하는 사용법이 없기 때문에 클록이 상승하면, 그때마다 D입력을 기억해 버리는 것이다. 이것은 필요한 타이밍에만 데이터를 기억할 필요가 있을 때에는 불편하다.

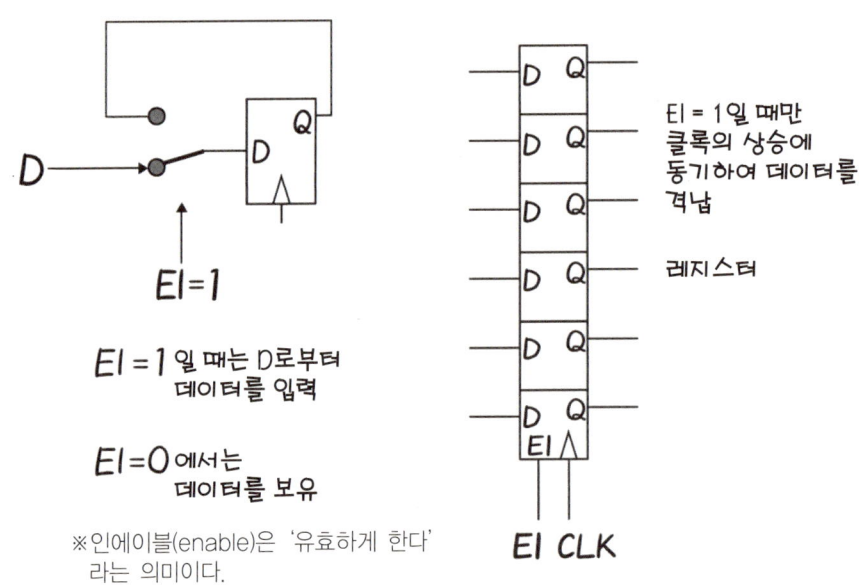

그림 8 Enable이 부착된 D-FF

여기서 그림 8에 나타낸 것처럼 스위치를 부착해 EI=0일 때는 Q출력을 D입력에 연결하고, EI=1일 때만 외부로부터 데이터를 입력할 수 있게 한다.

이것을 '**인에이블된 D 플립플롭**'이라고 하며, 최신 플립플롭의 주류를 이루고 있다. 그림 8과 같이 인에이블이 된 D플립플롭을 필요한 수만큼 나열하여 인에이블 신호(EI)와 클록(CLK)를 공통으로 한 구조를 **레지스터**라고 한다.

이 레지스터는, 인에이블 신호(EI)가 1일 때만 클록의 상승 시작점에서 데이터의 값을 기억한다. 최근의 설계법에서는 레지스터에 어떤 타이밍으로 어떤 값이 기억되는가에 주목하여 디지털 회로를 설계한다. 이것을 레지스터 트랜스퍼 레벨(Register Transfer Level : RTL)설계라고 한다. 이 방법은 다음의 칼럼에서 소개한다.

제5장 용어해설

- **순서회로**(sequential circuit) : 현재의 상태와 외부로부터의 입력에 따라 출력이 결정되는 회로로, 제3장에서 소개한 조합회로(combinatorial circuit)와는 달리 과거의 기억(이력) 기능이 있다. 실제로 생활에 도움이 되는 디지털 회로의 대부분이 순서회로이다. 순서회로에는 클록에 동기하여 동작하는 동기식과 클록의 움직임과 관계없이 동작하는 비동기식이 있는데, 설계가 간단한 동기식이 많이 사용된다. 동기식 순서회로는 시퀀서 유한상태 머신 등으로 불리는 경우도 있다. 동기식 순서회로에는 출력이 현재의 상태와 입력으로 결정되는 밀리 머신(Mealy Machine)과 상태만으로 결정하는 무어 머신(Moore Machine)이 있다. 본문 중 전자주사위는 상태가 그대로 출력이 되는 전형적인 무어 머신이다. 동기식 순서회로는 플립플롭과 조합회로로 구성되어 있다.

- **플립플롭**(flip-flop) : 플립플롭이란 세탁물이 나부낄 때 나는 풀럭풀럭하는 소리를 의미한다. 본문에서는 시소를 예로 들어 설명하고 있는데, 공중제비를 의미하기도 한다. 요컨대 두 개의 상태가 획획 바뀌는 모양을 나타낸 말이다.
  디지털 회로에서 사용되는 경우 2개의 상태를 갖는 기억소자를 가리킨다. 전자회로용어로는 쌍안정 멀티바이브레이터 등으로 불리기도 한다. 칼럼에서 소개했듯이 다양한 플립플롭이 있지만, 현재 주로 사용되는 것은 본문 중에 상세하게 설명한 D 플립플롭이다.

- **레지스터**(register) : 데이터를 보존하는 역할을 하는 것으로, D 플립플롭을 나열하여 만든다. 칼럼에서 소개했듯이 컴퓨터 등의 대규모 디지털 회로는 레지스터에 언제 데이터를 저장하고, 이것을 어떻게 이동시켜 처리하는지를 고려해 설계한다. 이 설계방법을 RTL(Register Transfer Level)의 설계법이라고 하는데, 현재 사용되는 설계법의 주류를 이루고 있다. 예를 들면 컴퓨터의 중앙처리장치에는 수많은 레지스터가 사용되고 있다.

- **상태전이도**(state transition diagram) : 동기식 순서회로의 움직임은 그림으로 상태간에 이루어지는 변화를 표현할 수 있다. 이것이 바로 상태 전이도이다. 상태에 대해 코드를 할당하면 상태 전이표를 그릴 수 있으며, 이것을 토대로 동기식 순서회로를 설계할 수 있다. 이 책에서는 상태번호가 그대로 출력이 되는 코드화를 해보았는데, 1이 1비트만 있는 코드로 상태를 표현하는 원숏(one-shot) 방식과, 되도록 비트 변화가 적은 전이가 가능한 존슨 카운터(Johnson counter) 방식 등이 사용된다.

네~!?

그리고 이 종이를 갖고 지금부터 공항에 가는거야.

오늘 저녁 비행기로 형준이가 출발한다나 봐.

배웅도 하고 '이것 좀 봐 주세요~, 회로도가 완성되었어요♥' 라고 말하면서 연락처를 건네 봐.

자연스러운 진행, 완벽하지!

점장님! 놀리지 마세요!

그거야 모르는 거지~?

네가 분해한 형준이의 가전제품 말이야. 사실은 우리가 살 예정이었어.

그런데, 갑자기 팔지 않겠다고 하던데. '귀여운 후배에게 분해하게 해주고 싶다'고.

이제 됐어요……! 형준 선배는 저에 대해 조금도 생각하지 않을 테니까….

…!! 귀, 귀여운 후배!

시간이 되면 열차든 비행기든 타고 만나러 오라고 해!

통신, 교통수단도 모두 디지털 회로가 사용되잖아!

그러니까……

그러니까, 포기하지 않으면 방법은 얼마든지 있다고!!

여기서 번 돈 모아서 만나러 가든지….

……그렇긴 하지만요…….

그 그래도….

그래도….

지혜, 너는 순서회로니?

언제까지 같은 기억으로 '같은 상태'를 반복할 생각이야?

이제는 다음 행동으로 옮기는 게 어때~?

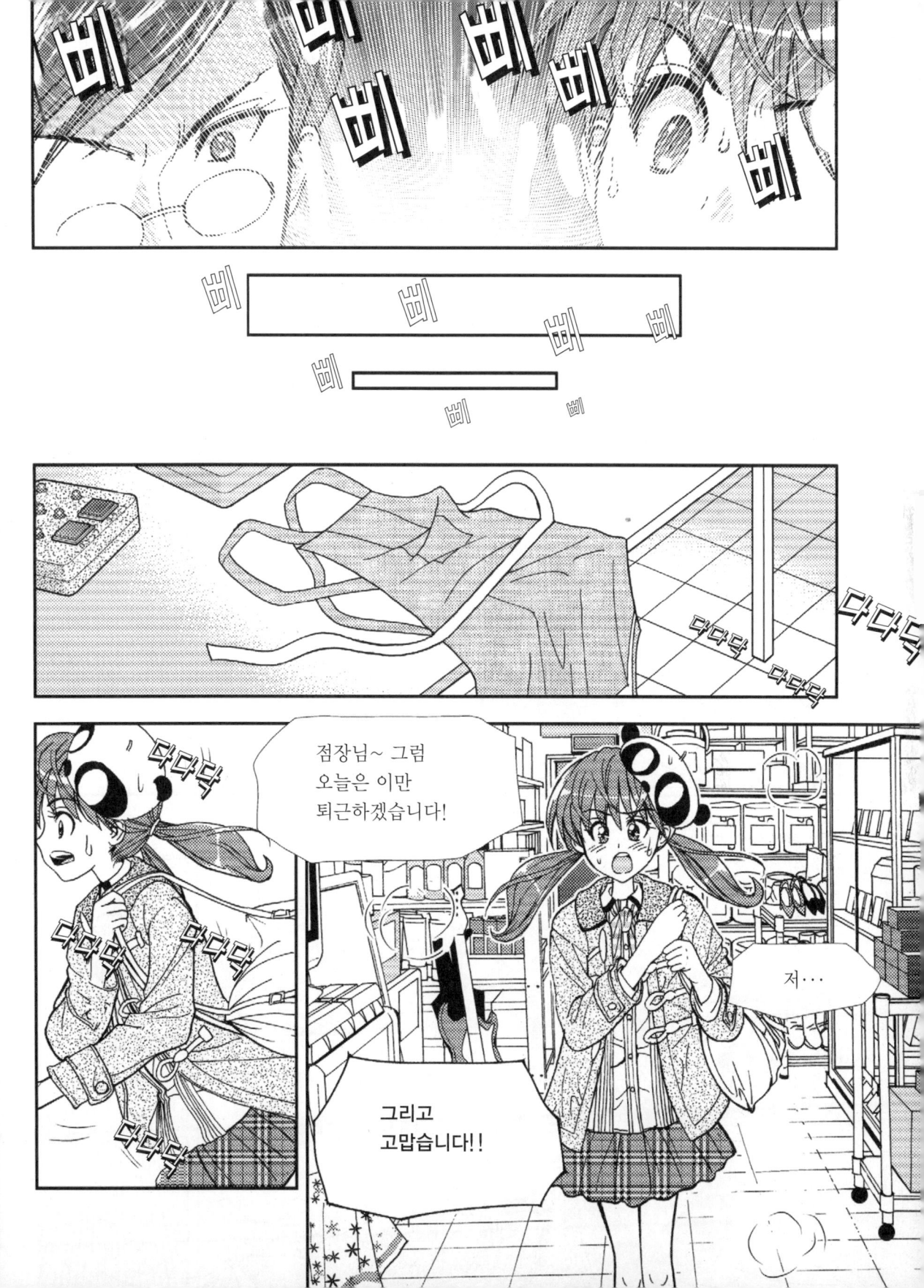

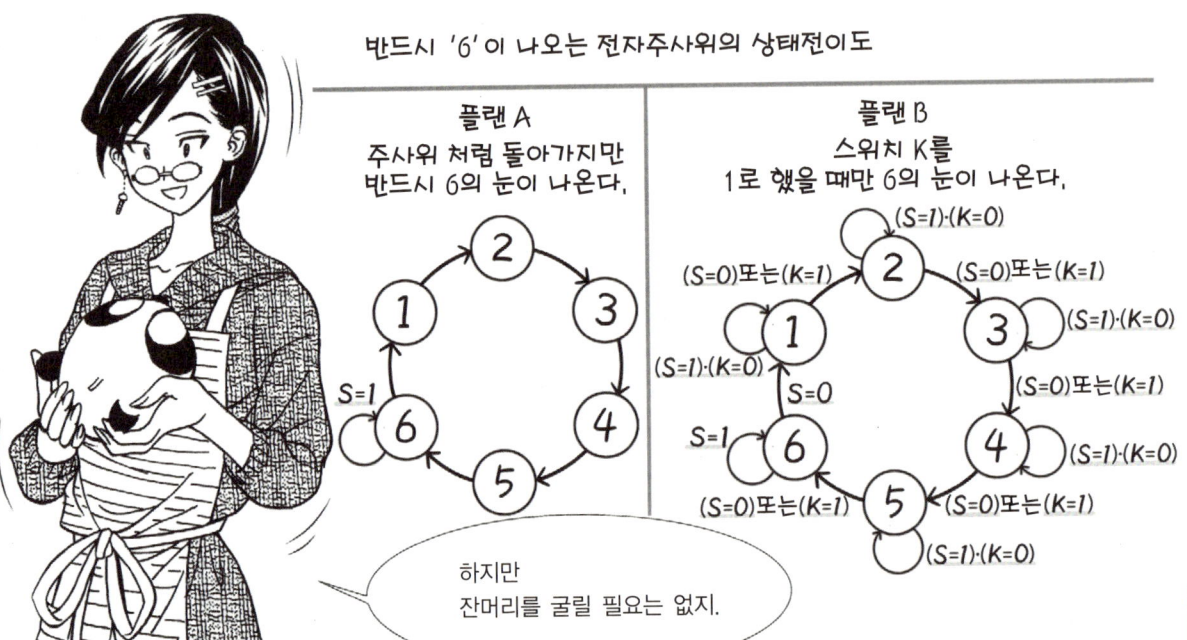

형준 선배 ---!!!

> **마지막** 하드웨어 기술언어에 의한 디지털 회로설계

　이 책에서는 디지털 회로설계의 기본을 다루었다. 여기서 배운 것은 앞으로 설계기술이 어떤 식으로 발달하든 반드시 도움이 되는 기본적인 개념과 방법이다.
　그러나 요즘 디지털 설계자가 여기에서 공부한 MIL 기호법을 사용해 회로도를 그리거나 카르노맵을 사용해 간략화하여 설계하느냐 하면, 꼭 그렇지만은 않다. 최근의 디지털 회로는 설계용 언어를 사용해 설계한다. 그렇기 때문에 설계하는 모습은, 컴퓨터 프로그래머가 프로그램을 작성하고 있는 모습과 다를 것이 없다.
　설계는 주로 하드웨어 기술 언어(Hardware Description Language : HDL)를 사용한다. 그러나 최근에는 한층 더 컴퓨터프로그래밍 언어에 가까운 형태로 설계하고 상위 수준 합성(High Level Synthesis : HLS)을 사용하는 방법도 본격적으로 사용되기 시작했다. 하드웨어 기술 언어를 사용한 설계는 데이터가 저장되는 레지스터와 타이밍, 그리고 연산 방법에 주목한다. 때문에 이것을 저항 트랜지스터 논리(RTL) 설계라 한다.

　하드웨어 기술 언어는 'Verilog HDL(혹은 System Verilog)'과 'VHDL'의 양강구도라 보통 이 둘 중 하나를 사용한다.
　예를 들어 지금까지 설계한 전자주사위 카운터 부분은 Verilog HDL을 사용하면 다음 페이지와 같이 기술할 수가 있다. 여기서는 상세한 설명은 하지 않으므로 분위기만 봐주길 바란다.

```
module saikoro(
input clk, rst_n, stop
output reg[2:0]count);
always@(posedge clk or negedge rst_n)begin
  if(!rst_n)count<=1;
  else if (!stop) begin
     if(count==6)count <=1;
  else count<=count +1;
 end
end
 endmodule
```

 이 주사위 모듈(saikoro)은 '클록(clk), 리셋(rst_n), 스톱(stop)'을 입력, '주사위의 눈에 상당하는 count'를 출력하면 된다.

 출력 count는 레지스터이므로 reg 문으로 선언되고 또, 2비트째부터 0비트째까지의 3자리의 2진수가 되는 것을 나타내고 있다. always 문은 뭔가 주술문처럼 나열되어 있지만 여기에는 클록의 상향으로 동작하고, 리셋신호를 L로 하면 그때 바로 리셋이 인가되는 것을 나타내고 있다.

 그런데 주사위의 동작 자체는 if문으로 표현되어 있다. 다른 프로그래밍 언어와 마찬가지로 if에 이어지는 괄호 안의 조건이 만족되면 이에 이어지는 문이 실행되고, 그렇지 않으면 else 뒤의 글이 실행된다. 글의 내용을 자세히 몰라도 리셋을 걸면 1이 되고, 스톱이 1이 아닐 때만 6의 다음은 1이며, 그 이외에는 수가 하나씩 증가한다는 것을 알 수 있다. 정확한 지식이 없어도 어떻게든 의미를 알 수 있다는 점이 '언어에 의한 기술'의 강점이다.

 기술이 끝나면, 이 설계대로 제대로 작동하는지 논리 시뮬레이션에 의해 검증할 수 있다. 논리 시뮬레이션은 CAD(Computer Aided Design)로 하는 설계 공정의 하나로, 소정의 입력패턴에 대해 출력이나 내부 상태가 어떻게 변화하는가를 문자나 파형으로 표시한다.

제대로 작동하는지를 확인한 후에는 CAD로 논리합성, 논리압축을 해서 간소화한 회로도를 출력한다. 이 회로도는 게이트와 게이트의 접속을 열거한 네트리스트라고 하는 데이터의 형태로 출력되는데, 보통 설계자가 이것을 읽을 일은 없다. 합성의 결과에는 어느 정도의 주파수 클록으로 동작하는지, 게이트의 수가 어떻게 되는지, 소비전력은 어느 정도 되는지 등의 정보가 포함된다. 설계자가 이들 정보를 검토해, 모든 조건을 만족시키면 설계는 완성이다. 동작주파수가 느리거나 게이트 수가 너무 많은 경우에는 논리합성, 압축도구에 주는 지시를 바꾸거나 설계 자체를 다시 검토해야 한다.

하드웨어 기술언어에 의한 설계법과 CAD의 보급에 의해 디지털 설계자의 일이 아주 간편해져, 큰 회로라고 해도 단시간에 설계할 수 있게 되었다. 그러나 하드웨어 기술언어에 의한 설계법은 설계자가 데이터를 보내는 타이밍과 장소를 기술해 둘 필요가 있는데, 이 부분은 여전히 어렵다. 최근에는 더욱 프로그래밍 언어에 가까운 형태로 꼭 필요한 사항만 써 두면, CAD가 타이밍과 진행방법을 상세한 부분까지 대신해주는 설계법이 등장했다.

이것을 상위수준합성(High Level Synthesis : HLS)에 의한 설계법이라고 한다.

이 설계법을 사용하면 동영상의 압축신장, 암호화와 부호, 음성인식 등 매우 복잡한 회로도 쉽게 설계할 수 있다.

설계환경이 좋아져 이제는 설계자가 상세한 레벨의 설계보다도 더 높은 레벨의 설계 즉, **'어떤 시스템이 이용자에게 매력적일까?'**를 중심으로 생각할 수 있게 되었다.

향후 디지털 회로설계는 상세한 작업을 제대로 해내는 능력보다도 새로운 CAD를 다루는 유연성과 자유로운 발상, 참신한 아이디어이가 더욱 중요해질 전망이다.

참고문헌과 관련 도서

참고문헌

- 相磯秀夫 監修　天野英晴・武藤佳恭 共著
  『だれにもわかるディジタル回路』オーム社（2005）

- 堀桂太郎 著
  『絵解き ディジタル回路の教室』オーム社（2010）

관련 도서

古典的なディジタル回路設計を知りたい方へ
- 猪飼國夫・本多中二 共著
  『定本 ディジタル・システムの設計』CQ 出版（1990）

論理回路の理論をさらに知りたい方へ
- 笹尾勤 著
  『論理設計 スイッチング回路理論』近代科学社（2005）

CMOS回路、フリップフロップなどディジタル素子を知りたい方へ
- 天野英晴 著
  『ディジタル設計者のための論理回路』コロナ社（2004）

찾아보기

숫자·영어

2진수 ·················· 113, 143
7432 ······················· 33
ALU(Arithmetic Logic Unit) ······ 142
AND 회로 ···················· 35
AND ························ 76
CAD(Computer Aided Design) ····· 21, 45
CMOS(시모스) ················ 42, 85
Complementary Metal Oxide Semiconductor ················ 85
D 래치 ····················· 187
D 플립플롭 ·················· 154
DIP(Dual Inline Package ········ 21
don't care ················· 143
flip-flop ··················· 193
FPGA(Field Programmable Gate Array) ···
······················· 21, 22
IC(Integrated Circuit=집적회로) ····· 10, 24
JK 플립플롭 ·················· 190
Karnaugh map ················ 143
Mealy Machine ··············· 193
Metal Oxide Semiconductor Field Effect Transistor ················ 88
MIL 기호법 ················· 63, 91
Moore Machine ··············· 193
MOS-FET ··················· 88
NAND ······················ 76
nMOS-FET ·················· 86
NOR ························ 76
NOT 회로 ···················· 35
NOT ························ 76
OR 회로 ···················· 35
OR ························ 76
PLD(Programmable Logic Device) ······ 21
pMOS-FET ·················· 86
register ··················· 193
sequential circuit ··············· 193
state transition diagram ········· 193
T 플립플롭 ················· 191
Verilog HDL(System Verilog) ······· 208
VHDL ····················· 208

ㄱ ~ ㅎ

가법표준형 ···················· 91
논리 게이트 ················ 10, 24
논리회로 ··················· 24, 33
다수결 회로 ···················· 91
돈트 케어 ·················· 122, 143
동기식 카운터 ················· 191
드모르간의 법칙 ··········· 50, 72, 91
디지털 회로 ··············· 30, 52
디코더 ······················ 140
레지스터 ·················· 168, 193
마스터 슬레이브(주인과 하인) 방식 ········ 189

멀티플렉서 · 140	인에이블 된 D 플립플롭 · · · · · · · · · · · · · · · · · · 192
무어의 법칙 · 87	저항 트랜지스터 논리(RTL) 설계 · · · · · · · · · · 208
밀리 머신 · 193	전가산기(풀애더) · 138
반도체 칩 · 39	조합회로 · 62, 91
반도체의 스케일링 규칙 · · · · · · · · · · · · · · · · · 90	진리표 · 60, 91
불 대수 · 49	카르노 맵 · 97, 143
뺄셈 회로(감산기) · 141	코드화 · 109, 143
상위 수준 합성(High Level Synthesis) : HLS) · 208	클록 · 156
상태 전이도 · 174, 193	타이밍 차트 · 165
상태 전이표 · 178, 193	트랜지스터 · 39
순서회로 · 148, 193	트레이드오프 · 139
순차적 자리올림 가산기(리플자리 가산기) · · · 139	프라이오리티 인코더 · · · · · · · · · · · · · · · · · · · 140
아날로그 회로 · 29, 52	프로세스 사이즈 · 90
액티브 H · 70	플립플롭 · 153, 193
액티브 L · 70	하드웨어 기술 언어(Hardware Description Language : HDL) · · · · · · · · · · · · · · · · · · · 208

■ 저자 약력

아마노 히데하루 (天野 英晴)

1986년 게이오기주쿠대학 공학부 전기공학전공 수료
현재 게이오기주쿠대학 이공학부 정보공학과 교수
공학박사

〈주요 저서〉
『만들면서 배우는 컴퓨터 아키텍처』 공저 (배풍관)
『가변구조형 시스템』 공저 (옴사)
『누구나 알 수 있는 디지털 회로』 공저 (옴사)
『디지털 설계자를 위한 전자회로』 (코로나사)

■ 제작 : office sawa
    2006년 설립. 의료, 컴퓨터, 교육계의 실용서와 광고 다수 제작. 일러스트나
    만화를 이용한 매뉴얼과 참고서, 판촉물 전문
    e-mail : office-sawa@sn.main.jp

■ 시나리오 : 사와다 사와코

■ 그림 : 메구로 코우지

■ DTP : office sawa

만화로 쉽게 배우는 시리즈

만화로 쉽게 배우는 통계학

다카하시 신 지음
김선민 번역
224쪽 | 17,000원

만화로 쉽게 배우는 회귀분석

다카하시 신 지음
윤성철 번역
224쪽 | 17,000원

만화로 쉽게 배우는 인자분석

다카하시 신 지음
남경현 번역
248쪽 | 16,000원

만화로 쉽게 배우는 베이즈 통계학

다카하시 신 지음
정석오 감역 | 이영란 번역
232쪽 | 17,000원

만화로 쉽게 배우는 보건통계학

다큐 히로시, 코지마 다카야 지음
이정렬 감역 | 홍희정 번역
272쪽 | 17,000원

만화로 쉽게 배우는 데이터베이스

다카하시 마나 지음
홍희정 번역
240쪽 | 16,000원

만화로 쉽게 배우는 허수 · 복소수

오치 마사시 지음
강창수 번역
236쪽 | 17,000원

만화로 쉽게 배우는 미분방정식

사토 미노루 지음
박현미 번역
236쪽 | 17,000원

만화로 쉽게 배우는 미분적분

코지마 히로유키 지음
윤성철 번역
240쪽 | 17,000원

만화로 쉽게 배우는 선형대수

다카하시 신 지음
천기상 감역 | 김성훈 번역
296쪽 | 17,000원

만화로 쉽게 배우는 푸리에 해석

시부야 미치오 지음
홍희정 번역
256쪽 | 17,000원

만화로 쉽게 배우는 물리[역학]

이이다 요시카즈 지음
이춘우 감역 | 이창미 번역
224쪽 | 17,000원

만화로 쉽게 배우는 물리[빛·소리·파동]

닛타 히데오 지음
김선배 감역 | 김진미 번역
240쪽 | 15,000원

만화로 쉽게 배우는 양자역학

이사카와 켄지 지음
가와바타 키요시 감수 | 이희천 번역
256쪽 | 17,000원

만화로 쉽게 배우는 상대성 이론

야마모토 마사후미 지음
닛타 히데오 감역 | 이도희 번역
188쪽 | 17,000원

만화로 쉽게 배우는 열역학

하라다 토모히로 지음
이도희 번역
208쪽 | 17,000원

※정가는 변동될 수 있습니다.

만화로 쉽게 배우는 시리즈

만화로 쉽게 배우는 **유체역학**

다케이 마사히로 지음
김영탁 번역
200쪽 | 17,000원

만화로 쉽게 배우는 **재료역학**

스에마스 히로시, 나가시마 토시오 지음
김순채 감역 | 김소라 번역
240쪽 | 17,000원

만화로 쉽게 배우는 **토질역학**

카노 요스케 지음
권유동 감역 | 김영진 번역
284쪽 | 16,000원

만화로 쉽게 배우는 **콘크리트**

이시다 테츠야 지음
박정식 감역 | 김소라 번역
190쪽 | 16,000원

만화로 쉽게 배우는 **측량학**

쿠리하라 노리히코, 사토 야스오 지음
임진근 감역 | 이종원 번역
188쪽 | 16,000원

만화로 쉽게 배우는 **전기수학**

다나카 켄이치 지음
이태원 감역 | 김소라 번역
272쪽 | 17,000원

만화로 쉽게 배우는 **전기**

소노다 마사루 지음
주홍렬 감역 | 홍희정 번역
228쪽 | 17,000원

만화로 쉽게 배우는 **전기회로**

이이다 요시카즈 지음
손진근 감역 | 양나경 번역
240쪽 | 17,000원

만화로 쉽게 배우는 **전자회로**

다나카 켄이치 지음
손진근 감역 | 이도희 번역
184쪽 | 17,000원

만화로 쉽게 배우는 **전자기학**

엔도 마사모리 지음
신익호 감역 | 김소라 번역
264쪽 | 17,000원

만화로 쉽게 배우는 **발전·송배전**

우시타 고토 지음
오철균 감역 | 신미성 번역
232쪽 | 17,000원

만화로 쉽게 배우는 **전기설비**

이가라시 히로카즈 지음
고운채 번역
200쪽 | 17,000원

만화로 쉽게 배우는 **시퀀스 제어**

후지타키 카즈히로 지음
김원회 감역 | 이도희 번역
212쪽 | 17,000원

만화로 쉽게 배우는 **모터**

모리모토 마사유키 지음
신미성 번역
200쪽 | 17,000원

만화로 쉽게 배우는 **디지털 회로**

아마노 히데하루 지음
신미성 번역
224쪽 | 17,000원

만화로 쉽게 배우는 **전지**

후지타키 카즈히로, 사토 유이치 지음
김광호 감역 | 김필호 번역
200쪽 | 16,000원

※정가는 변동될 수 있습니다.

만화로 쉽게 배우는 시리즈

만화로 쉽게 배우는 **반도체**

시부야 미치오 지음
강창수 번역
196쪽 | 17,000원

만화로 쉽게 배우는 **CPU**

시부야 미치오 지음
최수진 번역
260쪽 | 17,000원

만화로 쉽게 배우는 **암호**

미타니 마사아키, 사토 신이치 지음
이민섭 감역 | 박인용, 이재원 번역
240쪽 | 17,000원

만화로 쉽게 배우는 **머신러닝**

아라키 마사히로 지음
이강덕 감역 | 김정아 번역
216쪽 | 15,000원

만화로 쉽게 배우는 **유기화학**

하세가와 토시오 지음
신미경 번역
208쪽 | 17,000원

만화로 쉽게 배우는 **생화학**

다케무라 마사하루 지음
오현선 감역 | 김성훈 번역
272쪽 | 17,000원

만화로 쉽게 배우는 **분자생물학**

다케무라 마사하루 지음
조현수 감역 | 박인용 번역
244쪽 | 17,000원

만화로 쉽게 배우는 **면역학**

가와모토 히로시 지음
임웅 감역 | 김선숙 번역
272쪽 | 17,000원

만화로 쉽게 배우는 **기초생리학**

다나카 에츠로 지음
김소라 번역
232쪽 | 17,000원

만화로 쉽게 배우는 **영양학**

소노다 마사루 지음
한규상 감역 | 신미경 번역
212쪽 | 17,000원

만화로 쉽게 배우는 **약리학**

에다가와 요시쿠니 지음
김영진 번역
240쪽 | 17,000원

만화로 쉽게 배우는 **프로젝트 매니지먼트**

히로카네 오사무 지음
김소라 번역
208쪽 | 17,000원

만화로 쉽게 배우는 **사회학**

구리타 노부요시 지음
이태원 번역
218쪽 | 16,000원

만화로 쉽게 배우는 **우주**

이시카와 켄지 지음
양나경 번역
248쪽 | 16,000원

만화로 쉽게 배우는 **기술영어**

사카모토 마키 지음
박조환 감역 | 김선숙 번역
240쪽 | 16,000원

만화로 쉽게 배우는 **전파와 레이더**

나카쓰카 고우키 지음
구기준 감역 | 김필호 번역
224쪽 | 14,800원

※정가는 변동될 수 있습니다.

만화로 쉽게 배우는
디지털 회로

원제 : マンガでわかる ディジタル回路

2015. 3. 3. 초 판 1쇄 발행
2020. 8. 7. 초 판 2쇄 발행

지은이 | 아마노 히데하루
그 림 | 메구로 코지
역 자 | 신미성
제 작 | Office sawa
펴낸이 | 이종춘
펴낸곳 | BM (주)도서출판 성안당

주소 | 04032 서울시 마포구 양화로 127 첨단빌딩 3층(출판기획 R&D 센터)
     | 10881 경기도 파주시 문발로 112 출판문화정보산업단지(제작 및 물류)
전화 | 02) 3142-0036
     | 031) 950-6300
팩스 | 031) 955-0510
등록 | 1973. 2. 1. 제406-2005-000046호
출판사 홈페이지 | www.cyber.co.kr
ISBN | 978-89-315-8990-0 (17560)
정가 | 17,000원

이 책을 만든 사람들
진행 | 김해영
교정·교열 | 김선숙
전산편집 | 김인환
표지 디자인 | 박원석
홍보 | 김계향, 유미나
국제부 | 이선민, 조혜란, 김혜숙
마케팅 | 구본철, 차정욱, 나진호, 이동후, 강호묵
마케팅 지원 | 장상범, 조광환
제작 | 김유석

이 책은 Ohmsha와 BM (주)도서출판 성안당의 저작권 협약에 의해 공동 출판된 서적으로, BM (주)도서출판 성안당 발행인의 서면 동의 없이는 이 책의 어느 부분도 재제본하거나 재생 시스템을 사용한 복제, 보관, 전기적·기계적 복사, DTP의 도움, 녹음 또는 향후 개발될 어떠한 복제 매체를 통해서도 전용할 수 없습니다.

■ 도서 A/S 안내

성안당에서 발행하는 모든 도서는 저자와 출판사, 그리고 독자가 함께 만들어 나갑니다.
좋은 책을 펴내기 위해 많은 노력을 기울이고 있습니다. 혹시라도 내용상의 오류나 오탈자 등이 발견되면 **"좋은 책은 나라의 보배"** 로서 우리 모두가 함께 만들어 간다는 마음으로 연락주시기 바랍니다. 수정 보완하여 더 나은 책이 되도록 최선을 다하겠습니다.
성안당은 늘 독자 여러분들의 소중한 의견을 기다리고 있습니다. 좋은 의견을 보내주시는 분께는 성안당 쇼핑몰의 포인트(3,000포인트)를 적립해 드립니다.
잘못 만들어진 책이나 부록 등이 파손된 경우에는 교환해 드립니다.